자연초 건강초

권 영 한 지음

전원문화사

자연초
건강초

2020년 5월 20일 5쇄 발행

지은이 ✻ 권영한
펴낸이 ✻ 남병덕
펴낸곳 ✻ 전원문화사

서울시 강서구 화곡로 43가길 30 . 2층
       T.02)6735-2100 F.6735-2103
등록 ✻ 1999년 11월 16일 제 1999-053호

잘못된 책은 바꾸어 드립니다.

값 17,000원

머리말

자연 속에 태어난 우리 인간이 자연과 더불어 건강하게 한 세상 오래 살고자 하는 것은 모든 사람들이 바라는 바일 것이다.

건강한 삶을 살기 위해서는 여러 가지 복잡한 조건이 충족되어야 하겠으나, 좋은 식품과 적당한 운동, 맑은 공기와 깨끗한 물을 마시는 것도 또한 빼놓을 수 없는 중요한 요건일 것이다. 그런데 야생초를 직접 뜯어서 손수 요리해서 먹는다면, 그러한 조건이 쉽게 충족될 것이다.

계절 따라 자라는 야생초를 캐러, 사시사철, 들로 산으로 나가니 자연히 많은 운동을 하게 되고, 들과 숲 속에서 좋은 공기를 마시게 되고, 또한 의욕적으로 먹는 풀을 찾아 자연의 품속에 안기게 되니 이것보다 더 좋은 횡재는 없을 것이다.

그리고 대자연의 기를 듬뿍 받으며 자란 무공해 식품인 야생초를, 직접 요리해서 먹는다면, 그 상쾌하고 풋풋한 맛에 몸도 마음도 즐거울 것이다. 야생초를 벗하며 산다면, 틀림없이 삶의 질이 더 충실해질 것이다.

그래서 이 책은 자연과 더불어 건강하게 살고자 하는 사람들의 길잡이가 되도록 여러 가지 자료를 뽑아 엮은 것이다. 책에서 보는 사진과 실물이 달라 보일 수도 있고, 처음 대하는 야생초를 보더라도 어느 것이 먹는 것인지 자신이 없다고 망설이지 말고, 처음에는 아는 것부터 채취하며 차츰 한 가지 한 가지 배워 나가면, 곧 이 부문에 박식한 사람이 될 것이다. 가족과 함께 들에 나가 자연도 즐기고, 소득도 얻고, 식물도 배우고 하면 저절로 행복은 문턱으로 굴러올 것이다.

우리들 주변 어디라도 있는 이 야생초를 벗하여, 건강하게 그리고 행복하게 이 봄을 맞이하기 바라는 바이다.

끝으로, 야생초도 귀한 우리의 자연이니 내가 선호하는 풀이 있다고 모조리 캐서 멸종시켜서는 안 될 것이다. 자연을 보호하면서, 그 속에서 내가 필요한 것을 조금 얻어 오며, 잘 가꾸어 나가야 할 것이다.

2001. 4.

청남 권 영 한

차 례

Contents

차 례

차 례

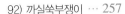

Contents

참고도서

1. 한국의 민간요법 ··· 가서원
2. 동의학 대전 ··· 가서원
3. 취미의 산야초 ··· 전원문화사
4. 산나물 들나물 ··· 전원문화사
5. 과실주, 약주 108종 ··· 有紀書房
6. 원색 한국약용식물도감
　　　　　　　 ··· 아카데미서적
7. 원색 한국수목도감 ··· 아카데미서적
8. 몸에 좋은 산야초 ··· 석오출판사
9. 약이 되는 산야초 ··· 전원문화사
10. 식물학대사전 ··· 거북출판사

자연초
건강초

1. 건강과 야채

사람은 자연의 산물이며, 자연의 일부이다. 그러므로 자연과의 균형이 깨지면 신체 내부에 이상이 생겨서 병이 난다. 병까지는 나지 않는다 해도 식욕이 없어지고 밤에 잠이 잘 오지 않으며, 변비가 생기고 소화가 잘 되지 않는 등 여러 가지 장애가 생겨난다. 특히 공해가 많은 현대 사회에서 스트레스의 증가, 운동 부족, 과로 등의 원인은 더욱 신체를 병들게 한다. 건강을 유지하면서 젊게 사는 방법에 대해서는 여러 가지 학설이 있으나, 의학자들이 발표한 것을 요약하면 대략 다음과 같이 집약할 수 있다.

① 동물성, 식물성 단백질을 충분히 섭취하는 것이 좋다.
② 지방질은 알맞게 섭취하되 가급적 식물성 지방질을 섭취하는 것이 좋다.
③ 탄수화물은 당류의 섭취를 적게 하고, 가급적 섬유질과 전분을 많이 섭취하는 것이 좋다.
④ 무기질, 특히 칼슘을 많이 섭취하는 것이 좋다.
⑤ 비타민을 충분히 섭취하는 것이 좋다.
　그리고 신선한 야채를 많이 먹는 것이 좋다고 한다.

야채는 땅에 뿌리를 깊게 박고, 따뜻한 태양광선을 충분히 받은 자연의 산물이 좋다는 것은 다시 더 강조할 필요조차 없을 것이다. 비닐 하우스에서 직사광선을 받지 못하고 자란 채소나, 농약을 많이 받고 자란 식물이나, 수경재배 등을 통해 인공으로 재배된 야채는 노지에서 자연스럽게 자란 채소보다 건강 식품으로서의 가치가 떨어지는 것이다. 그 계절에, 그 지방에서 생산되는 자연의 채소가 건강에 가장 좋은 것이다.

2. 야채보다 더 좋은 산나물

그런 뜻에서, 자연에서 자란 산야초(山野草)는 밭에서 재배한 어떤 채소보다 더 건강에 좋다. 차를 타고 조금만 시내를 벗어나면 양지바른 들판이나 야산에 무진장의 산나물들이 신선하게 자라고 있다.

야생초에는 특별한 약효가 있는 것도 있을 뿐만 아니라, 여러 가지 많은 무기질을 포함하고 있어서 너무나 건강에 좋은 식품이다. 무기질 가운데 특히 인체에 필요한 것은 칼슘이지만, 칼슘 이외에도 인, 칼륨, 많은 비타민 등이 산야초에 많이 포함되어 있다. 예를 들어 쑥은 비타민 A, B, C, D를 많이 포함하고 있다. 비타민 A의 모체인 카로틴은 호박, 당근 등에 많이 들어 있고, 마늘에는 비타민 B가 많이 들어 있으며, 그 외에도 차(茶), 감잎, 오이풀 등에도 풍부한 비타민 B가 포함되어 있다.

3. 약이 되는 산야초

이상에서 말한 대로 건강에 좋은 야채는 밭에서 자란 채소뿐만 아니라 자연에서 자란 산야초 가운데도 좋은 것이 많다. 그래서 이 책에서는 먹을 수 있고 건강에 좋으며, 약이 되는 산야초를 사진과 더불어 소개하려고 한다. 건강을 지켜 행복한 생활을 하는 데 약초(藥草)로서 산야초를 많이 이용하기 바라는 바이다.

약초라고 하면 생각나는 것이 한약방에 진열된 여러 가지 약초를 연상하게 되는데, 엄밀하게 따지면 우리가 먹는 식품 모두가 약초라고 말한다 해도 과언이 아니다.

예를 들면, 생강은 김치를 담글 때나 설탕에 절여 술안주로 잘 먹는데, 한약방에서는 약재로 쓴다. 대추는 기호식품으로, 떡이나 찰밥

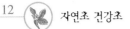

에 놓아 먹는데 한약방에서는 약재로 쓴다. 이외에도 도라지, 쑥, 모과, 잣 등등 그 예를 다 들 수 없다. 그래서 어떤 증상에 어떤 산야초가 잘 쓰이는가 하는 것을 증상별로 구분해 알아보기로 한다.

4. 여러 가지 증상에 맞는 산야초

옛날부터 우리 조상들은 몸의 여러 가지 증상을 보고, 건강을 지키기 위해 슬기롭게 산야초를 약으로 이용해 왔는데, 그렇게 산야초로 병을 치료하는 것을 '민간요법', 그렇게 구한 약을 '조약'이라고 한다.

그 대표적인 것을 증상별로 몇 가지 소개한다. 우리 주변에서 손쉽게 구할 수 있는 산야초가 우리의 건강을 잘 지켜준다는 사실을 기억해 두고 많이 이용하기 바란다.

1) 머리가 아플 때

① 궁궁이(*Angelica polymorpha*)

궁궁·운초(芸草)·천궁(川芎)이라고도 하며, 어린 잎은 식용한다. 한국·중국·일본 등지에 분포한다. 뿌리를 쌀 씻은 물에 담갔다가 말려서 보드랍게 가루 내어 꿀로(4:6) 재두었다가 한번에 3~4g씩 하루 3번 식전에 먹는다.

② 구릿대(*Angelica dahurica*)

미나리목 미나리과 두 해 또는 여러해살이풀이며, 줄기는 곧게 서
며, 높이는 1.5m가량 된다. 전체에 털이 없고 뿌리줄기는 굵은 편이
며, 수염뿌리가 많다. 산의 골짜기에 나는데, 뿌리는 백지(白芷)라
하여 한약재로 쓰이고 어린 잎은 식용한다. 구릿대는 진정작용을 하
므로 두통에 쓰인다. 신선한 것 12g을 물 20ml에 달여 하루 2~3회
에 나누어 식사 후에 먹는다.

③ 도꼬마리(*Xanthium strumarium*) 열매

초롱꽃목 국화과
의 한해살이풀로,
높이는 1m 정도이
고, 잎은 어긋나며
잎자루가 길고 넓
은 삼각형이다. 길
이 5~15cm로 흔
히 3개로 갈라지며
가장자리에 결각상
(缺刻狀)의 톱니가
있고 3개의 큰 맥
이 뚜렷하게 나타
나며, 양면이 거칠다. 열매를 한방에서는 창이자(蒼耳子)라고 하며
해열·발한(發汗)·두통에 사용한다. 어린 잎은 식용할 수도 있고,
그 씨도 쪄서 식용한다. 줄기와 잎을 비벼 바르면 독충에 대한 해독
효과도 있다고·한다. 두통에는 열매 12g을 물 300ml에 달여 하루 2
~3번에 나누어 식간에 먹는다.

④ 천마(天麻 / *Gastrodia elata*)

난초목 난초과의 여러해살이풀로서, 높이 1m. 덩이줄기는 굵으며,
긴 타원형이고 가로로 뻗으며, 길이 7~15cm이다. 꽃은 노란색으로
6~7월에 피고 총상꽃차례로 가지 끝에 달리며, 꽃자루가 있고 꽃

아래에 바소꼴의 꽃턱잎이 있다. 천마와 궁궁이를 각각 같은 양을 보드랍게 가루로 내어 알약을 만들어 한번에 1～2g씩 하루 3번 식후에 먹으면 두통이 멎는다.

⑤ 순비기나무(*Vitex rotundifolia*) 열매

통화식물목 마편초과 관목으로서, 높이 30～80cm 정도이다. 작은 가지는 네모지며, 흰빛 털이 빽빽하여 흰 가루로 덮여 있는 것 같다. 꽃은 자줏빛으로 7～9월에 피고, 가지 끝에 원추꽃차례로 달린다. 열매는 핵과(核果)로 검붉은 색이며, 9～10월에 익는다. 한방에서는 열매를 만형자(蔓荊子)라 하여, 두통·안질 및 귓병 치료에 이용한다. 바닷가 모래땅에서 자라고, 한국·일본·오스트레일리아 등지에 넓게 분포한다. 열매 12g을 물 200ml에 달여 하루 3번에 나누어 먹거나, 또는 가루로 내어 한번에 4g씩 하루 3번 먹으면 두통이 멎는다.

⑥ 고본(藁本 / *Angelica tenuissima*)

산형화목 산형과의 쌍떡잎식물이며, 높이는 30～80cm 정도이다. 여러해살이풀로, 전체에 털이 없고 향기가 강하다. 줄기는 곧게 서며 가지가 갈라진다. 꽃은 겹산형꽃차례로 꽃부리는 작고 꽃잎은 5장이며, 안으로 굽고 5개의 수술은 길게 나오며, 1개의 씨방은 하위(下位)이다. 8~9월에 피고 깊은 산의 산록에 자란다. 뿌리는 한약재로 이용되는데, 감기나 비염(鼻炎) 등으로 인한 두통에 효과가 있다. 하루 6~8g을 물 200ml에 달여 하루 3번에 나누어 식후에 먹으면 두통에 효과가 있다.

2) 배가 아플 때

① 목향(木香 / *Inula helenium*)

초롱꽃목 국화과의 쌍떡잎식물로서 높이 약 0.8~2m이다. 여러해살이풀로 전체에 짧은 털이 많고 줄기는 곧게 서며 비대하다. 꽃은 황색으로 7~8월에 피며, 두화(頭花)는 지름이 약 5~10cm이다. 총포(總苞)는 반원형으로 길이가 약 2cm이다. 뿌리는 약용한다. 유럽이 원산지이나 각지에 심는다. 체하고 헛배가 부르며 배가 아플 때, 뿌리를 가루 내어 한번에 3~4g을 하루 3번에 나누어 식간에 먹는다.

② 회향(fennel / *Foeniculum vulgare*)

미나리목 미나리과 여러해살이풀이며, 높이는 1~2m 정도이다. 남유럽이 원산이며, 특유의 향기가 있다. 줄기는 녹색이며 윗부분에서 가지가 갈라진다. 잎은 실처럼 가늘게 갈라지고 부드럽다. 꽃은 노란색으로 7~8월에 피며, 줄기 윗부분의 잎 겨드랑이에서 산형꽃차례를 이룬다. 열매를 증류시켜 얻은 기름은 회향유라고 하며 리큐어의 향료로 쓰이고, 특히 육류나 생선요리에 잘 쓰인다. 회향을 말려 가

루로 낸 것을 한번에 3~4g씩 따끈한 소금물에 풀어서 하루 2~3번 먹으면 복통이 멎는다.

③ 함박꽃(*Magnolia sieboldii*) 뿌리

미나리아재비목 목련과 낙엽소교목으로서, 높이는 7~10m 정도이다. 함백이꽃·개목련·산목련이라고도 한다. 가지는 회색빛이 도는 황갈색이고, 어린 가지와 겨울눈에 누운 털이 있다. 꽃은 양성(兩性)으로 5~6월 무렵 잎이 난 다음에 피고, 아래쪽으로 달리며 향기가 있다. 뿌리를 캐어 가루 낸 것을 한번에 4g씩 하루 3번 먹으면 위경련으로 배가 아플 때 효과가 있다.

④ 마늘(*Allium sativum* for. *pekinense*)

마늘에는 탄수화물이 20%가량 들어 있는데, 그 대부분은 스크로토스이다. 또 아미노산의 일종인 알리신이라는 성분이 함유되어 있다. 마늘은 각기병을 막는 데 큰 효과가 있다. 현재 백미 위주의 식생활을 하는 한국인에게 각기병이 드문 것은 한국인이 마늘을 많이 먹기 때문이라고 할 수 있다. 또한 알리신에는 강력한 살균효과가

있어 결핵균·콜레라균·이질균·임질균
에 대한 살균효과가 뛰어나다. 한편 마늘
의 영양효과로는 심장·근육의 작용에 활력
을 주고 체표면에 가까운 혈관을 확장하여 온혈
(溫血)을 잘 도입하기 때문에 체표면의 온도를 보호하는 효과를 들
수 있다. 이밖에 마늘에는 비타민 C나 유지의 산화를 막으며, 체내의
과산화지방 생성을 방지하는 노화방지의 효능도 있음이 실험을 통하
여 입증되었다. 마늘은 한국에서 없어서는 안 될 중요한 식품으로
거의 모든 음식의 양념으로 쓰이고 있다. 마늘을 짓찧어 설탕가루를
뿌리고 물을 부어 약한 불에 끓여서 마개 있는 병에 넣어 두고 하루
3번 식후에 먹으면 배가 살살 아픈 데 큰 효과가 있다.

⑤ 약쑥(*Artemisia princeps* var. *orientalis*)

초롱꽃목 국화과 쑥속에 속한다. 한방에서는 쑥잎을 지혈·진통·
강장제로서 냉(冷)에 의한 자궁출혈·생리불순·생리통 등의 치료에
쓴다. 또한 민간에서는 날잎을 베인 상처·타박상·복통·백선(白
癬) 등에 외용하거나 내복한다. 또한 여름철에 쑥으로 불을 피워 모

기를 쫓는 데 쓰며, 말린 쑥은 뜸을 뜨는 데 쓰거나 부싯깃으로도 쓰인다. 신선한 것을 짓찧어 즙을 내어 한번에 10~20g씩 하루 2~3번씩 식간에 마시면 복통이 멎는다.

3) 허리가 아플 때

① 으아리 (*Clematis mandshurica*)

미나리아재비목 미나리아재비과의 여러해살이 식물이며, 길이 2m 정도인 덩굴성으로, 잎은 마주 나고 5~7개의 작은 잎으로 된 깃꼴겹잎이다. 꽃은 6~8월에 피며 가지 끝 또는 겨드랑이에 나며 취산꽃차례로 달린다. 뿌리를 통풍(痛風) 치료에 사용한다.

으아리 15g, 두충 20g을 물 300ml에 달여 하루 2~3번에 나누어 식전에 먹는다. 또는 으아리 20g에 물 100ml를 넣고 달여서 하루 3번에 나누어 먹거나 가루 내어 한번에 3~5g씩 하루 2~3번 술에 타서 식전에 먹기도 한다.

② 속단 (續斷 / *Phlomis umbrosa*)

통화식물목 광대나물과의 여러해살이풀이며, 높이 약 1m이다. 뿌리에 비대(肥大)한 덩이뿌리가 5개 정도 달린다. 이 식물의 뿌리를 말린 것을 속단이라 하여, 신허로 인한 요통·허리와 다리에 맥이 없는 데 자궁출혈·타박상·골절 등에 쓴다. 한국의 각지에 분포한다. 속단 8~12g을 가루 내어 물 200ml에 달여서 하루 3번에 나누어 먹으면 허리 아픈 데 효과가 있다. 두충을 같은 양 넣고 달여 먹으면 더욱 좋다.

③ 내남(*Cuscuta japonica*) 씨

통화식물목 메꽃과의 덩굴성 기생식물이며, 한해살이풀로 줄기는 철사모양으로 길게 뻗으며 다른 식물에 감긴다. 국화과·콩과·마디풀과와 그 밖의 다른 종의 식물에서 발견되며, 빨판으로 영양을 섭취한다. 한방에서 강장제·해열제·해독제 등에 쓰인다. 허리가 아프고 무릎이 시릴 때 쇠무릎풀과 각각 같은 양을 술에 담갔다가 말려 가루를 낸 다음 술을 넣고 쑨 풀로 반죽하여 한 알이 1g 정도 되게 알약을 만든다. 한번에 5~7알씩 하루 3번 식후에 먹는다.

④ 호두(*Juglans sinensis*)

가래나무목 가래나무과 낙엽교목이며, 높이 20m까지 자란다. 꽃은 4~5월에 피고 수꽃 이삭은 잎 겨드랑이에서 길게 늘어지며, 암꽃 이삭은 1~3개의 암꽃으로 구성된다. 열매는 핵과(核果)이고 연한 녹색의 두꺼운 과육 껍질로 덮여 있으며, 9월에 익는다. 한방에서는 종자를 자신보제·강장·천식·기침·이뇨·장풍(腸風) 및 독충에 물린 데 사용한다. 또 잎을 진하게 끓인 물은 털 나는 약으로 쓴다고 한다. 허리에 맥이 없거나 허리가 시리고 시큰시큰할 때, 한번에 호두알 12~15g을 넣고 쌀죽을 쑤어 하루 3번 먹으면 효과가 있다고 한다.

⑤ **솔잎**(Pine / *Pinus densiflora*)
소나무는 한국의 수종 중 가장 넓은 분포 면적을 가지고 있으며, 개체수도 가장 많다. 옛날부터 민간에서 요통·신경통·류머티즘성 관절염에 치료제로 써왔다. 솔잎을 볶아서 보드랍게 가루 낸 것을 한번에 4~6g씩 하루 3번 먹으면 효과가 있다고 한다.

4) 어깨가 아플 때

① **뽕나무**(mulberry / *Morus alba*) 가지
쐐기풀목 뽕나무과 뽕나무속의 낙엽교목 또는 관목을 모두 일컬어

뽕나무라 한다.

　한방에서는 뿌리의 껍질을 상백피(桑白皮)라고 하며, 소염·이뇨·진해제로서 해소·천식·부종·소변 불리 등의 치료에 사용한다. 또 잎은 뽕잎이라 해서 해열·진해·소염제로서, 감기·눈병·고혈압 등의 치료에 쓰인다. 뽕나무의 열매인 오디는 상심이라고 해서 강장·진정·보혈·설사멎이약으로 이용된다. 열매의 즙액을 누룩과 함께 섞어 발효시킨 술을 상심주라 하며, 강장주로도 알려져 있다. 어깨가 아플 때 뽕나무 가지 40~50g을 잘게 썰어 물 500ml에 달여서 하루 3번에 나누어 식후에 먹는다. 가지는 진정작용·진통작용을 하는데, 특히 팔다리가 아픈 데 효과가 있다.

② 골담초 (骨擔草 / *Caragana sinica*)

　장미목 콩과의 낙엽관목이며, 높이 60~130cm이다. 원줄기는 똑바로 서고 가지는 편평하게 퍼진다. 꽃은 5월에 새 가지의 잎 겨드랑이에 짧게 피는데 아래로 늘어지고, 처음에는 황금색이나 나중에는 적황색으로 변한다. 관절통·신경통이 있을 때 가지 또는 뿌리 200g에 물 2ℓ를 넣고 달여 600ml가 되도록 졸여서 한번에 50~60ml씩 하루 3번 먹는다.

5) 가슴이 아플 때

① 울금(鬱金 / *Curcuma domestica*), 강황(薑黃)

생강목 생강과의 여러해살이풀이고, 땅 속에 굵은 뿌리줄기가 있으며, 지름 3~4cm이고 표면에는 바퀴 모양으로 마디가 있다. 이 뿌리줄기에서 땅 위로 잎이 자라 높이 40~50cm가 된다. 말린 뿌리줄기는 한방(韓方)에서 강황(薑黃)이라 하며, 코피·토혈의 지혈에 내복하며, 피부병과 농종(膿腫)의 도포제(塗布劑)로 쓴다. 건위·강장 작용도 있다.

가슴이 아플 때나 배가 불어나며 아플 때, 울금과 강황을 각각 15~20g을 물에 달여 하루 2~3번에 나누어 먹는다.

② 탱자(*Poncirus trifoliata*) 열매

쥐손이풀목 운향과 낙엽관목 또는 소교목이며 높이 2~3m이다. 줄기는 많은 가지가 갈라지며 가지는 녹색으로 약간 편평하거나 모가 있고, 길이 1~7cm의 억세고 큰 가시가 있다.

꽃은 흰색으로 5월에 피는데, 잎보다 먼저 줄기 끝이나 가지 겨드랑이에 1~2개씩 달린다. 열매는 지름이 3.5~5cm이며, 둥글고 노란색으

로 익으며, 열매의 껍질을 말린 것을 지각(枳殼)이라 한다. 이것을 한
방에서는 건위제로 위장무력·소화불량·자궁하수·내장이완 등에 쓴
다. 가슴이 답답하고 뻐근한 데, 옆구리가 결리면서 아플 때 지각 20g
을 볶아서 보드랍게 가루 내어 한번에 5~8g씩 하루 3번 먹는다.

③ 잇꽃(safflower / *carthamus tinctorius*)

초롱꽃목 국화과의 두해살이풀로, 높이 0.6~1m이다. 줄기는 곧게
서며, 잎은 길이 5~10cm이고 얕게 갈라졌거나 톱니가 있다. 꽃은
관상화(管狀花)가 다수 모여 있는데, 꽃잎은 처음에 산뜻한 노란색
이고 후에 빨간색으로 바뀐다. 두화를 이루는 관 모양의 작은 꽃을
아침 일찍 모아 말린 것을 잇꽃(홍화, 홍람화)이라고 하여, 한방에
서는 통경(通經)·진통제로서, 월경불순·월경통·타박상·종기 등
의 치료에 쓴다. 꽃을 가루 내어 2~3g씩 술에 타서 자기 전에 먹는
다. 잇꽃은 가슴을 다쳐서 어혈이 생겼을 때 통증을 멈추고 어혈을
삭이며, 늑간신경통으로 가슴이 아플 때에 쓴다. 근래에는 골다공증
에도 쓴다.

④ 현호색 (玄胡索 / *Corydalis turtschaninovii*)

양귀비목 현호색과 여러해살이풀. 높이 20cm 정도이며, 덩이줄기는 지름 1cm 정도이며, 속이 노란색이다. 꽃은 4월에 연한 홍자색으로 피며 2.5cm 정도로 5～10개가 원줄기 끝의 총상꽃차례에 달린다. 가슴이 아플 때 열매를 볶아서 보드랍게 가루 내어 한번에 2～3g을 하루 3번에 나누어 먹는다.

⑤ 하늘타리 (*Trichosanthes kirilowii*) 씨

박과 여러해살이 덩굴식물로서, 쥐참외·자주꽃하늘수박이라고도 한다. 줄기는 길게 뻗으며, 잎과 마주난 덩굴손으로 물체를 휘감고 오른다. 꽃은 자웅이주로 7～8월에 수꽃은 꽃자루 길이가 15cm, 암꽃은 3cm 정도이며, 끝에 각각 1개의 꽃이 달린다. 뿌리의 녹말은 식용하고, 종자·뿌리·과피(果皮)는 기침약·해열제로 쓴다. 가래가 있으면서 기침을 하고 가슴이 아플 때 보드랍게 가루 내어 한번에 4~6g씩 하루 2~3번 더운 술에 타서 식간에 먹으면 효과가 있다.

⑥ 오수유 (吳茱萸 / *Evodia officinalis*)

쥐손이풀목 산초과의 낙엽관목 또는 소교목으로 높이 3~10m이며, 나무 전체에 연한 황갈색의 길고 부드러운 털이 빽빽이 난다. 초여름에 가지 끝에서 짧은 원뿔꽃차례가 나오고 백록색의 작은 꽃이 핀다. 암꽃의 꽃잎은 비교적 크고 내면에 부드러운 털이 있다. 한방에서는 열매를 오수유라 하여, 건위(健胃)·구풍(驅風)·해독·이뇨제로 사용하고 욕탕료(浴湯料)로도 사용한다. 열매에는 진통작용도 있는데, 옆구리가 아플 때 먹으며, 찜질도 같이 하면 효과가 더 빨리 나타난다. 가루를 내어 식초에 개어 아픈 곳에 붙여 주거나 열매 8g을 200ml 되는 물에 달여 하루 3번에 나누어 먹기도 한다.

6) 열이 날 때

① 칡 뿌리 (*Pueraria thunbergiana*)

장미목 콩과 덩굴식물이며, 줄기에 갈색이나 흰색의 퍼진 털이 있다. 꽃은 8월에 홍자색으로 피며 총상꽃차례로서 겨드랑이에 빽빽이 난다. 덩굴줄기의 속껍질은 갈포섬유(葛布纖維)로 쓰며, 뿌리는 갈근(葛根)이라 하여 약으로 쓰인다. 한방에서는 이것을 치열·산열제·발한·두통 등에 쓰는데, 오슬오슬 춥고 열이 나고 가슴이 답답하며, 갈증이 심할 때 9~15g을 물 200ml에 달여 하루 3번에 나누어 먹으면 효과가 있다.

② 개구리밥 (*Spirodela polyrhiza*)

천남성목 개구리밥과의 외떡잎식물로서 여러해살이풀이며, 수면에 뜨는 작은 풀로서 부평초(浮萍草)라고도 한다. 논이나 연못의 물위에 떠서 자라는데, 한방에서는 약용으로 해열·이뇨 등에 쓴다. 감기나 폐렴으로 열은 나나 땀은 나지 않고 가슴이 답답할 때 먹으면 땀이 나면서 열이 잘 내린다. 4~8g에 물 200ml를 넣고 진하게 달여 하루 3번 식사 전에 한 숟가락씩 먹는다.

③ 버드나무(*Salix koreensis*) 껍질

버드나무과 버드나무아과의 버드나무속, 새양버들속, 큰잎버들속 등을 말하며, 버드나무속의 한 종인 수양버들을 가리키기도 한다. 버드나무 껍질은 냇버들과 함께 수렴제·해열제 및 이뇨제로 사용된다. 열이 나면서 머리가 몹시 아플 때, 버드나무 껍질 10g을 물 200ml에 달여 하루 3번에 나누어 먹으면 통증이 멎는다.

④ 녹두(綠豆 / *Phaseolus radiatus*)

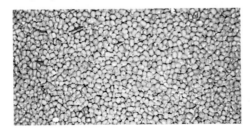

장미목 콩과의 한해살이풀로서, 줄기 길이는 60~80cm이다. 몸 전체에 갈색의 거친 털이 있다. 꽃은 8월에 피며 황색이다. 꼬투리는 길이가 5~

6cm로 가늘고 길며, 겉에 거친 털이나 돌기가 있다. 꼬투리 안에는 10~15개의 열매가 들어 있고 녹색 또는 갈색으로 그물 같은 무늬가 있다. 주성분은 녹말(53%)이며, 단백질의 함량이 25~26%에 이르러 영양가가 높다. 녹두는 해독·해열작용이 있으며, 종기 등의 피부병 치료에 쓰이기도 하였다. 특히 원인 모를 미열이 오래 계속될 때 쓰면 좋다. 녹두 50g과 쌀 30g으로 죽을 쑤어 식간에 먹는다. 또는 녹두 30g 달인 물에 수박 60g에서 짠 즙을 같이 섞어서 하루에 3번 나누어 먹으면 더 좋다.

⑤ 시호(柴胡 / *Bupleurum falcatum*)

미나리목 미나리과의 여러해살이풀로서, 높이 40~70cm이다. 원줄기는 가늘고 길며 곧게 선다. 뿌리 위에 난 잎은 밑부분이 좁아져서 잎자루처럼 된다. 꽃잎은 5장이고 안쪽으로 굽으며 수술은 5개이고 씨방은 하위(下位)이다. 뿌리는 방에서 해열·진통·순환기 질환에 쓰인다. 산이나 들에서 자라며, 한국·중국·시베리아 등지에 분포한다. 오한이 나면서 열이 많이 날 때, 말린 시호 뿌리를 가루 내어 한번에 2~4g씩 하루 2~3번 식전에 먹으면 열이 내리고 통증이 사라진다.

⑥ 나비나물(*Vicia unijuga*)

장미목 콩과의 쌍떡잎식물이며 여러해살이풀로 높이 50cm 정도이고, 전체에 털이 없고 줄기는 네모로 단단하게 모여 나며, 곧게 서거나 또는 비스듬히 올라간다. 꽃은 홍자색이고 6~8월에 핀다. 산이나 들에 많이 나며 어린 잎과 줄기는 식용한다. 달걀 3개와 어린 싹과 잎 12g을 함께 물에 삶아서, 달걀과 찌꺼기를 짜 버린 물을 3번에 나누어 하루에 먹는다.

⑦ 들국화(*Aster yomena*)

초롱꽃목 국화과의 여러해살이풀로서, 높이 0.6~1.2m이며, 긴 땅

속줄기가 있고 원줄기는 윗부분에서 분지하며 보랏빛을 띠는 것이 많다. 일명 쑥부쟁이라고도 한다. 7~10월 분지한 가지 끝에 지름 약 3cm의 연보랏빛 두화(頭花)가 핀다. 감기로 편두가 붓고 열이 날 때, 꽃 6g을 뜨거운 물 200ml에서 1시간 정도 우려낸 다음 30분 동안 또 달여 한번에 먹으면 열이 내리고 효과가 있다.

⑧ 수박(*Citrullus vulgaris*) 껍질

수박의 열매는 대부분이 수분(91%)이고, 탄수화물이 8% 함유되어 있다. 여름철에 잘 어울리는 열매채소이다. 먹을 수 있는 부분 100g 중 붉은 열매살에는 380μg, 황육종에는 10μg의 카로틴이 함유되어 있고, 비타민 B_1, B_2가 각각 0.03mg 함유되어 있다. 또한 시트룰린이라는 아미노산을 함유하여 이뇨효과가 높고 신장염에 좋다고 한다. 열매즙을 바짝 졸여서 엿처럼 만든 수박당은 약으로 쓴다. 무더운 여름철 땀이 많이 나고 더위먹었을 때나 열이 몹시 나면서 가슴이 답답하며 갈증이 심하게 날 때, 신선한 수박껍질을 짓찧어 즙을 내어 한번에 30~90g씩 하루 3번 먹거나 생과를 먹는다.

⑨ 개나리(*Forsythia koreana*) 열매

용담목 물푸레나무과
의 낙엽활엽관목으로서,
높이 2m 내외이고, 나무
껍질은 회갈색이며 가지
는 사각에 가까운데, 약
간 둥그스름하며 땅에 닿
으면 뿌리가 잘 내린다.
꽃은 4월에 1~3송이씩
잎보다 먼저 피는데 꽃부

리는 종 모양이고, 4조각으로 깊게 갈라지며 아름다운 황색이다. 열
매는 약용한다. 달린 열매를 연교(連翹)라고 하여, 옴·여드름·종
기·연주창 등에 이것을 달여서 내복약으로 쓴다. 감기에 걸려 열이
많이 날 때, 또는 원인 모를 열이 날 때, 열매 60~120g을 물 300ml
에 달여 하루 3번에 나누어 먹으면 열이 내리고 증상이 호전된다.

⑩ 박하(薄荷 / *Mentha arvensis* var. *piperascens*)

동화식물목 광대나물과
의 여러해살이풀이며, 습
기가 있는 들판 등에서
자란다. 모든 종에 방향
(芳香)이 있으며, 박하뇌
와 박하기름을 얻기 위해
서 재배도 한다. 줄기는
높이 30~60cm로, 단면
은 사각형이다. 잎은 마
주 나고 긴 타원형이며,
길이가 2~6cm이고 톱니
가 있다. 꽃은 연한 자줏
빛, 꽃부리는 입술 모양
으로 약 5mm, 끝은 넷으

로 갈라진다. 잎에는 마른 잎 무게의 1% 안팎의 정유가 함유되어 있고, 주성분은 멘톨(menthol)이며, 그밖에 멘톤(menthone) 등을 함유한다. 한방에서는 잎을 말린 것을 박하 잎이라고 하여, 발한·해열·진통·건위·해독제로서, 감기 초기, 두통, 인후통, 피부병 등의 치료에 쓴다. 감기나 후두염 등으로 열이 날 때 신선한 박하 잎 25~30g을 물 200ml에 달여 하루 2~3번 식후에 나누어 먹으면 열이 내리고, 효과가 있다.

7) 경련이 있을 때

① 뽕나무(mulberry / *Morus alba*) 가지

누구나 다 잘 아는 뽕나무는 한방에서 뿌리의 껍질을 상백피(桑白皮)라고 하며, 소염·이뇨·진해제로서 해소·천식·부종·소변 불리 등의 치료에 사용한다. 또 잎은 뽕잎이라 해서 해열·진해·소염제로서 감기·눈병·고혈압 등의 치료에 쓰인다. 뽕나무의 열매인 오디는 상심이라고 해서 강장·진정·보혈·설사멎이약으로 이용된다. 열매의 즙액을 누룩과 함께 섞어 발효시킨 술을 상

심주라 하며, 강장주로도 알려져 있다. 팔다리가 쑤시고 아프며 경련이 일어날 때, 뽕나무 가지 12g, 진교 10g을 물에 달여 하루 3번에 나누어 먹으면 경련과 통증이 멎는다.

② 천마 (天麻 / *Gastrodia elata*)

난초목 난초과의 여러해살이풀로서, 높이 1m이며, 덩이줄기는 굵으며 긴 타원형이고 가로로 뻗으며, 길이 7~15cm이다. 꽃은 노란색으로 6~7월에 핀다. 뿌리와 줄기는 약용하는데, 산이나 들 숲에 많이 자라고 있다. 팔다리에 힘이 없고 쑤시고 아플 때, 천마와 두충을 각각 10g씩 물에 달여서 하루 3번 나누어 먹으면 좋다.

8) 호흡이 곤란할 때

① 무 (radish / *Raphanus sativus* var. *hortensis* for. *acanthiformis*)

무는 날 것으로 먹거나 익혀서 먹는 등 그 이용 범위가 매우 넓다. 뿌리 부분에 소화효소 아밀라아제와 비타민 C가 다량 함유되어 있다. 이 아밀라제와 비타민 C는 열에 약하여 파괴되기 쉬우므로 날 것으로 먹는 것이 좋다. 특히 무의 잎에는 먹을 수 있는 부분 100g 중에 칼슘 210mg, 카로틴 2600μg, 비타민 B₂ 0.13mg 등이 함유되어 있어 영양적으로 우수한 녹황색 채소이다. 기침이 심하면서 숨쉬기 힘들 때, 무를 잘게 썰어서 물엿 속에 담가두면 물이 생기는데, 이 물과 물엿을 같이 섞어서 한 잔씩 마시면 현저한 효과가 있다.

② 배 (pear / *Pyrus ussuriensis* var. *macrostipes*)

배는 예로부터 기호식품으로 사랑받던 과실이며, 고실레·황실

레・청실레 등의 품종
이 재배되고 있었으며,
생산지에 따라서도 금
화배・함흥배・봉산배
등의 이름으로 널리 알
려졌으나, 1906년 뚝섬
원예모범장이 설립된
후 개량품종들이 보급
됨에 따라 점차 도태되
어 현재는 찾아볼 수 없
게 되었다. 과실은 당분

10~14%이고, 과육 100g 속에 칼륨 140~170㎎, 비타민 C 3~6㎎
이 들어 있다. 열이 나고 기침이 나면서 숨이 찰 때, 배를 껍질을 벗
기고 먹으면 기침도 멎게 되고 열도 내리면서 숨쉬기가 편해지는데,
천식으로 숨이 많이 가쁠 때, 배 2개를 즙을 내어 그 속에 파 밑의
흰 부분 5개를 섞어 약간 끓여서 여러 번에 나누어 먹으면 기침이
멎는다.

③ 오미자 (五味子 / *Schisandra chinensis*)

미나리아재비목 목련과의 낙엽성 덩굴식물로 줄기는 드문드문 분
지하고 자루가 달린 잎이 어긋난다. 잎새는 얇고 달걀꼴・넓은 거꿀

달걀꼴 또는 넓은 타원
형이며, 길이 5~11cm
이다. 꽃은 자웅이주이
며, 새 가지의 기부에
긴 꽃자루가 있는 꽃이
달리고 5~7월에는 연
한 황백색 꽃이 핀다.
열매를 말려 검게 만든
것을 오미자라고 하며,
한방에서는 진해 (鎭

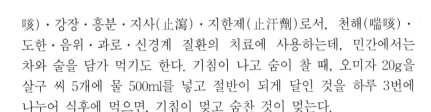

咳)·강장·흥분·지사(止瀉)·지한제(止汗劑)로서, 천해(喘咳)·
도한·음위·과로·신경계 질환의 치료에 사용하는데, 민간에서는
차와 술을 담가 먹기도 한다. 기침이 나고 숨이 찰 때, 오미자 20g을
살구 씨 5개에 물 500ml를 넣고 절반이 되게 달인 것을 하루 3번에
나누어 식후에 먹으면, 기침이 멎고 숨찬 것이 멎는다.

④ 차조기(*Perilla frutescens var, acuta*) 씨

통화식물 꿀풀과 한해살이풀로, 높이 30cm 정도이며, 차즈기·소
엽(蘇葉)이라고도 한다. 전체가 자줏빛을 띠고 향기가 있다. 8~9월
에 연한 자줏빛 꽃이 총상꽃차례로 달린다. 꽃부리는 짧은 통같이
생긴 입술 모양이고, 작은 꽃자루보다 길다. 잎과 종자는 정신 불
안·발한·진해·진정·진통·이뇨 등의 한방약이나 생선과 게의 중
독에 해독제로도 쓴다. 종자에서 얻은 기름은 과자·담배의 부향료
(副香料)로 이용되며, 강한 방부작용이 있다. 호흡이 곤란하고 숨이
찰 때, 차조기 씨 20g, 무 씨 10g을 물 200g에 달여 하루 3번에 나
누어 먹으면 좋다.

⑤ 영지(靈芝 / *Ganodermalucidum*)

민주름버섯목 불
로초과의 버섯으로
서, 불로초(不老草)
라고도 한다. 갓은
보통 신장꼴로, 움
푹 팬 부분에 자루
가 붙지만, 둥근 갓
에서는 가운데 부분
에 붙는다. 갓의 표
면은 적갈색 또는

자갈색으로 칠기와 같은 강한 광택을 가진다. 그러나 성숙기에는 코
코아 가루와 같이 포자가 쌓여 광택이 안 보이는 때가 많다. 장생 불
로의 신비를 지닌 영약이라고 하는 영지는, 강장·보양·진정작용과
기침을 멎게 하는 작용 등이 있으므로, 폐 및 심장질병으로 오는 호
흡곤란 때 쓰면 효과가 크다. 영지 12g을 물 100ml에 넣고 연한 불
로 달여 하루 2번에 나누어 먹으면 효과가 있고, 평소 차로 마셔도
좋다.

⑥ 은행(銀杏 / *Ginkgo biloba*) 씨

은행나무목 은행나무
과의 낙엽교목으로, 큰
것은 높이 45m, 지름
5m에 달한다. 가을철,
노랗게 단풍이 든 고운
잎이 유명한 은행은,
근년에 가로수로 많이
이용되어 우리와 매우
친하게 되었다. 종자는
핵과(核果) 모양이고,
익으면 외종피(外種

皮)는 노란색의 육질(肉質)이 되며 악취가 난다. 과실은 식용과 약
용으로 쓰이는데, 기관지천식으로 기침이 많이 나고 가래가 끓으면
서 가슴이 답답하고 숨이 찰 때, 은행 씨 볶은 것 20개, 마황 8g, 감
초 구운 것 6g을 물 500ml에 넣고 150ml 정도 되게 달여서, 하루에
한 번 잠자기 전에 먹으면 효과가 있다.

⑦ 나리 (*Liparis makinoana*)

난초목 난초과의 여러해살이풀로서 헛비늘줄기는 달걀꼴 공 모양
이며, 길이 8~12mm로 마른 엽초로 싸여 있고 거의 지상으로 나와
있다. 꽃은 5~7월에 피고 검은 자갈색이며, 꽃자루는 길이 10~
35cm로서 녹색이고 능선(稜線)이 있다. 나리에는 기침을 멎게 하는
성분이 들어 있어서, 기관지염, 기관지 확장증, 기관지천식, 폐농양으
로 숨이 찰 때 쓰면 효과가 있다. 사용법은 관동꽃 40g, 나리 50g을
보드랍게 가루를 내어서 섞어, 알약을 만들어 한번에 4~6g씩 하루
3번 먹으면 호흡이 편해진다.

⑧ 도라지 (*Platycodon grandiflorum*)

초롱꽃목 초롱꽃과의 쌍
떡잎식물로서, 여러해살이
풀로 높이 1m 정도이다.
꽃은 7~8월에 하늘색 또
는 흰색으로 피는데, 종
모양의 예쁜 꽃은 줄기 끝
또는 갈라진 가지 끝에 한
송이가 달리며 꽃부리는 5
갈래로 갈라진다. 식용으
로 사용하며, 한방에서 기
관지염·기관지 확장증·
기관지천식·폐결핵 등으
로 기침이 나고 숨이 찬
데 사용하는 데, 산이나 들

에 야생하며 한국·일본·중국 등지에 분포한다. 도라지 8g, 살구 씨 12g을 물 300ml에 달여 하루 3번에 나누어 먹으면 기침이 멎고 가래 가 삭는다.

9) 가슴이 두근거릴 때

① 연꽃(蓮 / *Nelumbo nucifera*) 열매

미나리아재비목 수련과의 여러해살이 수초로서, 연꽃이라고도 한 다. 잎은 긴 잎자루가 있으며, 수면에 뜨는 잎과 수면 위로 올라온 잎이 있다. 꽃은 빨간색 또는 흰색이며 여름에 꽃자루 위에 홀로 피 고, 꽃덮이조각은 많이 있으며 거꿀달걀꼴이다. 연은 거의 모든 부 분이 약용된다. 한방에서는 연뿌리의 마디를 우절, 잎을 하엽, 잎자 루를 하경, 꽃의 수술을 연수, 열매 및 종자를 연실, 꽃받침을 연방 이라 하여 생약으로 쓴다. 잎·수술·열매·종자에는 알칼로이드가 들어 있어 다른 생약과 배합하여 위궤양·자궁출혈 등의 치료제로 쓴다. 연실은 자양강장제로 다른 생약과 배합하여 만성설사·심장병

등에 쓴다.

또한 연뿌리는 식품으로도 쓰이며, 녹말이 많은 종자도 식용된다. 연꽃에는 진정작용이 있어 신경쇠약으로 가슴이 두근거리면서 잠 못 자는 것을 낫게 한다. 신선한 것 20~30g을 소금을 조금 넣고 물에 달여 하루 2~3번에 나누어 먹으면 효과가 있고, 또한 살맹이 씨, 측백 씨, 연꽃 열매를 각각 같은 양 보드랍게 가루 내어 한번에 4~5g 씩 하루 3번 먹어도 좋은 효과가 있다.

10) 가래가 심할 때

① 마늘(*Allium sativum* for. *pekinense*)

기침이 많이 나고 가래가 심할 때 마늘 한 개를 삶아 짓찧어서, 생 달걀 한 개에 섞어서 한 번에 먹으면 가래가 삭고 기침이 멎는다.

② 아카시아(Acacia)나무 껍질

장미목 콩과(科) 아카시아속에 속하는 수목의 총칭으로, 한국에서 보통 아카시아라고 부르는 것은 이것과는 별개의 것으로서, 아카시나무속 Robinia의 아카시나무를 가리킨다. 아카시아나무 껍질 잘게 썬 것 30g에 물 100ml를 넣고 70ml가 되게 달여서 하루 3번에 나누어 먹으면, 기침이 나고 가래가 많이 나는 데 효과가 있는데, 독성이 좀 있으므로 오래 복용하면 안 된다. 또한 아카시아 씨를 말려 가루 내어 한번에 0.3g씩 하루 3번 더운물에 타서 먹어도 효과가 있는데, 씨에도 독성이 있으므로 장복하면 해롭다.

③ 하늘타리 (*Trichosanthes kirilowii*) 씨

박과 여러해살이 덩굴식물로서, 쥐참외·자줏꽃하늘수박이라고도 한다. 줄기는 길게 뻗으며, 잎과 마주 난 덩굴손으로 물체를 휘감고 오른다. 꽃은 자웅이주로 7~8월에 수꽃은 꽃자루 길이가 15cm, 암꽃은 3cm 정도이며, 끝에 각각 1개의 꽃이 달린다. 열매는 장과로 타원형이고 오렌지색으로 익으며 다갈색 씨가 있다. 산기슭 아래에서 자라며, 뿌리의 녹말은 식용하고 종자·뿌리·과피(果皮)는 기침약·해열제로 쓴다. 가래가 심할 때나 기침이 많이 날 때, 한번에 15~20g을 물에 달여서 꿀이나 설탕을 타서 하루 3번 먹으면 가래가 삭고 기침이 멎는다.

④ 도라지 (*Platycodon grandiflorum*)

도라지에는 사포닌 성분이 들어 있어서 기침약으로 많이 쓰는데, 도라지 뿌리는 물론 잎과 줄기에도 사포닌 성분이 있어 가래를 희석하여 잘 뱉게 한다. 가래가 심할 때, 도라지 20~30g을 물에 달여 하루 3번에 나누어 식후에 먹으면 좋고, 도라지를 무쳐서 생나물로 먹어도 좋다.

⑤ 은행 (銀杏 / *Ginkgo biloba*) 씨

기관지천식, 기관지염으로 기침이 나고 숨이 찰 때 먹으면 기침을 멈추고 가래가 삭는다. 은행 씨 6~12g을 물에 달여 하루 3번에 나누어 먹는데, 많이 먹으면 중독되므로 장복해서는 안 된다.

⑥ 날구(*Prunus armeniaca* var. *ansu*) 씨

장미목 벗나무과의 낙엽교목이며, 높이 5~6m 정도이고, 꽃은 담홍색으로 다섯 꽃잎 또는 겹꽃잎이며 봄에 핀다. 열매는 6~7월에 등황색으로 익는다. 열매는 날로 먹는 외에, 화채를 만들거나 시럽 절임·과실주의 원료 등에 이용한다. 종자는 살구 씨(杏仁; 살구 씨의 속)라고 하여 기침 방지나 천식의 한 방약으로 쓰이는데, 신안화수소산글리코시드(아미그달린)를 함유하기 때문에 전문가의 지도에 따라 복용한다. 살구 씨에서 얻어진 살구 씨 기름은 연고나 머릿기름 등에 이용된다. 기관지염으로 기침과 가래가 많이 나올 때, 살구 씨 10개, 참배 2개를 잘 짓찧어 짜낸 즙에 꿀 적당량을 넣어 섞어서 한번에 한 숟가락씩 하루 3번 먹으면 기침이 멎고 가래가 삭는다.

⑦ 개미취(*Aster tataricus*)

초롱꽃목 국화과의 여러해살이풀로서, 높이 1.5~2m 정도이며, 뿌리줄기가 짧으며 윗부분에서 가지가 갈라지고 짧은 털이 있다. 꽃은 7~10월에 피며, 지름 2.5~3.3cm 정도로서 가지 끝과 원줄기 끝에 산방꽃차례로 핀다. 어린순은 나물로 하며 뿌리와 풀은 진해거담제(鎭咳祛痰劑)로 사용한다. 기관지염과 기관지천식, 폐농양 등으로 기침과 가래가 많이 날 때, 개미취와 관동꽃을 각각 12g을 물에 달여서 하루 3번에 나누어 먹으면 가래가 삭고 기침이 멎는다.

11) 기침이 많을 때

① 오미자 (五味子 / *Schisandra chinensis*)

가슴이 답답하고 기침이 날 때, 만성기관지염으로 기침이 자주 날 때, 20~30g을 물에 달여 하루 2~3번에 나누어 식후에 마시면 기침이 멎는다.

② 율무 (*Coix Iachryma-jobi* var. *mayuen*) 쌀

벼목 벼과의 한해살이풀로 높이 1~1.5m. 경엽(莖葉)은 거칠고 단단하며, 풀의 형태가 염주(念珠)와 흡사하므로 염주의 변종으로 취급된다. 그러나 낟알의 껍질이 손가락으로 누르면 터질 정도로 얇고, 염주처럼 단단한 법랑질이 되지 않는 점이 다르다. 정백한 것을 억이인(薏苡仁)이라 하여 한방에서는 강장·이뇨 등에 처방한다.

또 민간약으로는 사마귀를 제거하는 데 효력이 있다고 한다. 율무는 홀로 쓰기보다 도라지와 섞어서 쓰면 더 좋은데, 도라지 20g, 율무 30g을 물 400ml에 달여서, 반 정도의 양으로 졸여서 하루 3~4번에 나누어 먹으면 가래가 삭고 기침이 멎는다.

③ 살구 (*Prunus armeniaca* var. *ansu*) 씨

살구 씨에는 아미그달린이라는 성분이 있어서 기침을 멎게 한다. 그래서 주로 감기, 기관지염, 기관지천식으로 기침이 나고 숨이 찬 데, 살구 씨를 물에 20~30분 담갔다가 속껍질을 벗겨 버리고 짓찧은 것 10~15g에 물을 붓고 달여, 하루 2~3번에 나누어 기침이 심하게 날 때 먹으면 기침이 멎는다.

④ 도라지 (*Platycodon grandiflorum*)

기침이 많이 나고 오래도록 그치지 않는 데 살구 씨와 도라지를 각각 20g에 물 600ml를 넣고 200ml 될 때까지 달여 하루 3번에 나누어 먹으면 효과가 있다.

⑤ **복숭아**(peach / *Prunus persica*) 씨

장미목 장미과의 낙엽성 작은 교목으로, 높이 5~6m 정도이며, 중국이 원산지이다. 복숭아는 대부분 수분(89.3%)이며, 당류는 9.2%, 비타민류는 거의 포함되어 있지 않다. 열매는 날것으로 먹는 외에 통조림·주스·잼 등에 쓰인다. 한방에서는 개화 직전의 봉오리를 백도화라고 해서 부종의 치료에 쓴다. 이것은 꽃봉오리에 강한 이뇨 성분이 있기 때문이다. 민간에서는 꽃을 참기름에 담가서 얼굴을 씻으면 미안(美顔)의 효과가 있다고 하며, 백도의 열매살은 가다랭이로 인한 식중독 때 먹으면 좋다고 한다. 또 잎을 욕탕에 넣어 목욕하면 땀띠에 좋다고도 한다. 한방에서는 핵 속의 종자를 도인(桃仁)이라고 하여, 정혈·완하·진통·배농제로서 월경불순·월경곤란·요통·타박상·변비·탈저 등의 치료에 사용한다. 오래된 기침에 잘 익은 복숭아를 2배가 되는 양의 술에다 1~2일 동안 담갔다가 건져낸다. 그것을 말려 가루를 내어 한번에 3g씩 하루 3번 먹으면 효과가 있다고 한다.

12) 설사가 날 때

① 도토리 (acorn)

참나무과 특히 졸참나무속(상수리나무 · 떡갈나무 등) 식물 열매를
통틀어 도토리라 한다. 도토리는 묵을 만들어 먹는 외에 탄닌질이

많이 들어 있으므로 설사를 멎게 하는 약효가 있다. 심한 설사에 도토리 껍질을 벗겨 가루 낸 것 20g을 하루 양으로 하여, 더운물에 타서 하루 3번에 나누어 먹으면 설사가 멎는다. 특히 어린이들의 오래된 만성 설사에 쓰면 부작용도 없고 좋다.

② 마늘(*Allium sativum* for. *pekinense*)

세균으로 인한 설사에 마늘을 껍질째 구운 다음, 껍질을 벗기고 2~3쪽씩 하루 3번 식전에 먹으면, 마늘에 들어 있는 피톤치드라는 식물성 살균 성분이 설사를 일으키는 병원성대장균을 비롯한 여러 가지 병균을 죽여서 장을 깨끗이 하고 설사를 멎게 한다.

③ 보리수나무(菩提樹 / *Elaeagnus umbellata*)

무궁화목 피나무과의 낙엽교목으로, 원줄기는 회갈색이고 작은 가지에는 가는 털이 빽빽이 난다. 보리수나무는 뿌리도 설사에 잘 듣는데, 뿌리 30~60g을 물에 달여 하루 3번에 나누어 먹어도 되고, 열매 20g을 물에 달여 하루 3번에 나누어 먹어도 설사에 좋다.

④ 오이풀(*Sanguisorba officinalis*)

장미목 장미과의 여러해살이풀로서 높이 30~100cm이고, 줄기는 곧추서고 윗부분에서 분지하며, 줄기와 가지 끝에 짧은 수상꽃차례가 달린다. 홍자색의 수상꽃차례는 7~9월에 윗부분의 꽃부터 개화한다. 꽃잎은 없고 꽃받침의 겉은 홍자색으로 4갈래로 갈라지며, 수

술 4개는 꽃받침조각보다 짧고, 꽃밥은 검은색이다. 한방에서는 건조시킨 땅속 부분을 지유(地楡)라 하여, 지혈·수렴 해열제로서 설사·이질·월경과다·각혈·피부병·화상 및 베인 상처 등의 치료에 사용한다. 설사가 심하고 배가 아플 때, 뿌리 12g

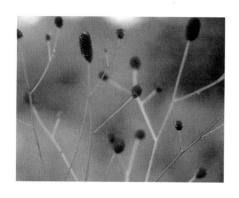

을 물에 달여 하루 3번에 나누어 먹으면 설사가 멎는다. 적리(赤痢)를 비롯하여 세균성 설사에 좋은 효과가 있다.

⑤ 물푸레나무(*Fraxinus rhynchophylla*) 껍질

용담목 물푸레나무과의 낙엽교목으로, 높이 10m 정도이며, 잎은 깃모양의 겹잎으로 마주 나고 작은 잎은 긴 달걀 모양이다. 꽃은 암수 딴꽃으로 원추(圓錐)꽃차례이며, 새로 나온 가지 끝에 작은 꽃이 5월에 핀다. 나무껍질은 약용으로 쓰고, 연소한 숯은 염료용으로 쓰인다. 적리(赤痢)나 기타 세균으로 인하여 설사가

심할 때 가지를 잘라서 하루 10~15g을 물에 달여 2번에 나누어 먹으면, 장 윤동운동이 억제되고 설사가 멎는다.

⑥ **가중나무(***Ailanthus altissima***) 뿌리껍질**

쥐손이풀목 소태나무과 낙엽활엽교목으로, 가짜 죽나무라는 뜻이다. 잎은 어긋나고 홀수 깃꼴겹잎이며, 작은 잎은 13~25개이다. 꽃은 이가화(二家花)로서 5~7월에 백록색으로 피며, 가지 끝에 원추 꽃차례를 이룬다. 잎은 양잠용(養蠶用), 뿌리와 껍질은 약용한다. 오랜 설사에는 가중나무 뿌리껍질 12g과 인삼 6g을 물에 달여서 하루 3번에 나누어 먹으면 효과가 있는데, 가중나무 뿌리껍질 60g, 집함박꽃 뿌리, 목향 각각 40g을 보드랍게 가루 내어 한번에 3~4g씩 하루 3번 먹어도 좋다.

13) 겨울 때

① **차조기(***Perilla frutescens* var. *acuta***) 잎**

차조기에는 위를 튼튼하게 하고 장을 튼튼하게 하는 정장작용이 있으므로, 잎 20g을 물에 달여 하루 3번에 나누어 먹으면 게우는 것이 멎는다.

② **반하(** 半夏 / *Pinellia ternata***)**

천남성목 천남성과의 여러해살이풀. 잎줄기의 지름이 약 1cm이고, 잎은 1~2장으로 긴 자루가 있다. 자루의 중앙 부근과 위 끝에 1개씩의 주아(珠芽)가 달린다. 한방에서는 땅속줄기 맨 밑에 있는 덩어리 모양의 부분을 반하라고 해서 구토억제·이뇨·진해거담제로서 입덧·구토·해소·

위하수·위아토니증·급성늑막염의 치료에 쓴다. 특히 생강을 반하와 함께 사용하면 담을 삭이며, 구토를 멈추게 한다. 그밖에 반하는 입맛을 돋우며 부스럼을 잘 낫게 해 준다. 반하 10g, 파 3뿌리, 보리길금 12g을 물 200ml에 넣고 절반이 되게 달인 것을 하루 3번에 나누어 먹으면 게우는 데 효과가 있고, 생강 달인 물에 넣고 끓인 반하는 더 효과가 크다.

③ 칡 (*Pueraria thunbergiana*) 뿌리

갈근 30g을 물 200ml에 달여 하루 2~3번에 나누어 먹으면 속이 편하고 게우지를 않는다. 특히 유아들의 구토에 쓰면 좋다.

④ 참대 (*Phyllostachys reticulata*) 껍질

대나무과에 속하는 식물로서, 공예품이나·농기구·어구·악기·완구·다도구 등 여러 방면에 이용된다. 산모의 입덧과 구토에 약으로 쓰이는데, 생강과 참대 껍질을 각각 25g을 물에 달여 하루 3~4번에 나누어 먹으면 구토가 억제되고 입맛이 돌아온다.

⑤ 약쑥(*Artemisia princeps* var. *orientalis*)

위장장애로 오는 구토에 신선한 약쑥의 즙을 내어 한번에 50ml씩 하루 3번 식전에 먹으면 효과가 있다.

⑥ 생강(生薑 / *Zingiber officinale*)

생강목 생강과의 여러해살이풀로서 새앙이라고도 하며, 땅속줄기를 식용한다. 생강 뿌리는 가을에 거두어들인 덩이줄기를 저장하여 수시로 출하하는 것으로, 양념이나 향신료로 이용된다. 한방에서는 신선한 뿌리줄기를 생강이라 하여 약으로 이용하는데, 맛은 맵고 성질은 약간 따뜻한 편이고, 폐경·비경·위경에 작용한다. 생강즙은 건위작용을 하며, 위 점막을 자극하여 반사적으로 혈압을 높이고 억균작용을 한다. 속이 매스껍고 구토가 날 때 반하 12g, 생강 6g을 물에 달여, 하루 3번에 나누어 먹는다. 생강즙을 한번에 3~4g씩 하루 3번 먹어도 구토가 멎는다.

14) 토혈할 때

① 엉겅퀴 (*Cirsium japonicum* var. *ussuriense*)

　초롱꽃목 국화과의 한 속으로, 대부분 여러해살이풀이지만 두해살이풀도 있다. 전세계에 약 250종이 알려져 있으며, 몇 가지 종은 꽃이 아름다워 꽃꽂이 등에 이용되며, 뿌리는 우엉과 마찬가지로 여러 가지 음식의 재료로 식용된다. 꽃은 7~10월에 지름 3~4cm로 가지 끝과 원줄기 끝에서 핀다. 가시나물이라고도 하며, 어린순은 식용하고 성숙한 것은 약용되는데, 지혈·혈압강하·항균 및 폐결핵에 쓰인다. 엉겅퀴는 지혈작용이 강하므로, 엉겅퀴 40g에 물 500ml를 붓고 절반이 되게 달여 하루 3번에 나누어 먹으면, 위나 폐에서 나오는 출혈을 멈추는 데 효과가 있다.

② 측백 (側柏 / *Chinese arborvitae* / *Thuja orientalis*) 잎
　구과목 측백나무과 상록교목으로, 높이 25m, 지름 1m의 큰 나무이며, 수관(樹冠)은 불규칙하게 퍼지고 나무껍질은 회갈색이며, 세로로 갈라진다. 생울타리로 많이 쓰이는 나무라서 우리 주변에서 흔

히 볼 수 있다. 신선한 측백 잎 50g을 짓찧어 물에 달여 하루 3~4
번에 나누어 먹으면, 혈관의 수축작용을 촉진해서 강한 지혈작용을
한다.

③ 짚신나물(*Agrimonia pilosa*)

장미목 장미과의 여러해살이풀로서 높이 30~80cm이며, 줄기 전
체에 털이 있다. 잎은 어긋나기를 하며 5~7개의 작은 잎으로 구성된
깃꼴겹잎이고, 작은 잎 사이사이에 더 작은 잎 같은 것이 덧붙는다.
꽃은 6~8월에 황색으로 피며, 가지 끝에서 총상꽃차례로 달려 길이
10~20cm에 이른다. 이질·위궤양·구충·자궁출혈 등에 약재로 쓰며,
어린순은 식용한다. 들이나 길가에서 흔히 자라는 풀인데, 10g을 물
200ml에 달여 하루 3번에 나누어 먹으면 토혈에 큰 효과를 본다.

④ 가는기린초(麒麟草 / *Sedum aizoon*)

장미목 돌나물과의 쌍떡잎식물이며, 여러해살이풀이다. 높이 20~
50cm 정도로 자라고, 줄기는 모여 나며 곧게 서고 원기둥형이며, 잎
은 어긋나며 잎자루가 없고 긴 타원꼴의 바늘꼴 또는 거꿀달걀꼴로,

끝이 뾰족하거나 뭉툭하며 거친 톱니가 있고 육질(肉質)이다. 꽃은 산방상취산꽃차례로서 7~8월에 줄기 끝에 황색으로 핀다. 산에 나며 어린순은 식용한다. 신선한 풀 80~120g을 물 200ml에 달여 꿀이나 설탕을 달게 타서 하루에 2~3번 나누어 먹거나 또는 부드럽게 가루로 만들어 한번에 1~2g씩 하루 3번 먹으면, 피를 빨리 엉키게 하고 피나는 시간을 줄여서 궤양으로 오는 토혈에 효과가 매우 크다. 특히 위궤양에는 위 점막에 교질막을 형성하여 궤양면을 덮어 주기 때문에 궤양도 빨리 낫게 한다.

⑤ 꼭두서니(*Rubia akane*)

꼭두서니목 꼭두서니과의 쌍떡잎식물로 키는 1m 정도이며, 덩굴지는 여러해살이풀로서 수염뿌리는 비대하며 적황색이다. 꽃은 원뿔 모양의 취산꽃차례이며, 잎 겨드랑이나 줄기 끝에 피는데, 황색으로서 7~8월에

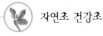

핀다. 뿌리는 염료용 또는 약용으로 사용하고 어린 잎은 식용한다. 들이나 산에 많이 난다. 토혈에 6~10g을 물에 달여 하루 3번에 나누어 먹으면, 여러 가지 출혈에 효과가 있다.

⑥ 부들(*Typha orientalis*) 꽃가루

부들은 부들목 부들과 여러해살이풀들의 총칭이며, 또는 그 중의 한 종을 가리킨다. 대형의 외떡잎식물이고, 굵은 뿌리줄기가 있고, 뿌리줄기는 녹말이 풍부하다. 한국에는 3종이 자생하고 있으며, 연못가와 습지에서 잘 자란다. 부들은 생것이나 달인 것 모두 피를 엉키게 하고 피를 멎게 하는 작용이 강하므로, 부들 꽃가루 10~12g을 물에 달여 하루 3번에 나누어 먹으면 위궤양이나 폐결핵으로 나오는 토혈에 효과가 아주 좋다.

⑦ 조뱅이(*Cephalonoplos segetum*)

초롱꽃목 국화과의 두해살이풀로서, 높이 25~50cm이고 뿌리줄기는 길다. 뿌리에서 난 잎은 꽃이 필 때에 쓰러지며, 꽃은 5~8월에 자주색으로 피고 지름 3cm가량이다. 한국 전역에 분포하며, 밭 가장자리나 빈터에서 잘 자란다. 생즙으로 먹거나 달여서 먹어도 혈소판 수를 늘리고 피의 응고 시간을 짧게 하는 작용이 강하므로 6~12g을 물 200ml에 달여서 하루 3번에 나누어 먹으면 지혈이 잘 된다.

⑧ 냉이(*Capsella bursa-pastoris*)

양귀비목 십자화과의 쌍떡잎식물이며, 높이 10~50cm에 달하는 두해살이풀로 전체에 거친 털이 있고, 줄기는 곧게 서며 가지가 갈라진다. 이른봄부터 늦가을까지 우리 나라 온 들판에 많이 자생하는 대표적인 들나물이다. 냉이와 짚신나물을 각각 12g을 달여 하루 3번에 나누어 먹으면 토혈이 멎는데, 두 가지 풀을 다 구하기 힘들 때는 한 가지씩만 써도 효과가 있다.

15) 가슴이 쓰릴 때

① **무** (radish/*Raphanus sativus var. hortensis* for. *acanthiformis*)
위산이 많아 가슴이 쓰리고 아플 때 무를 깨끗이 씻어 껍질째 강판에 갈아 간장을 쳐서 식전에 먹는다.

② **약쑥** (*Artemisia princeps* var. *orientalis*)

오랜 위장병으로 가슴이 쓰리고 아플 때 신선한 약쑥 15~16g을 잘 짓찧어 즙을 내어 한번에 30ml씩 하루 3번 식전에 먹으면, 위도 튼튼해지고 가슴이 쓰린 것이 멎는다.

③ 참깨 (*Sesamum indicum*)

통화식물목 참깨과 한해살이풀로 높이 1m 정도 자라며, 줄기는 곧
추서고 네모지며, 잎과 더불어 부드러운 털이 빽빽이 난다. 꽃은 7~
8월에 피며 흰색 바탕에 연한 자줏빛으로 윗부분의 잎 겨드랑이에
종 모양으로 달린다. 참깨는 지방이 45~55%, 단백질이 36% 들어
있으며, 비타민 $B_1 \cdot E$도 많다. 기름은 식용하고, 약용으로도 쓰인다.
지방유가 들어 있으므로 자양강장 및 변비 치료에 좋고, 다른 생약과
배합하면 허약체질 · 병후 회복용으로 유효하며, 염증 등에 외용되고
연고기제로서도 널리 응용된다. 참깨와 소금을
같이 볶아서 섞은 것을 식사 때마다 밥에
비벼 먹거나 끓는 물에 타서 마시면 속이
편하고 가슴 쓰린 증상이 없어진다.

④ 감초 (甘草 / *Glycyrrhiza uralensis*)

장미목 콩과의 여러해살이풀로서, 뿌리는 적갈색으로 땅속 깊이 내
려가고 모난 줄기는 1~1.5m 정도로 곧게 자라는데, 흰털이 촘촘히
나서 회백색으로 보인다. 대표적인 한약이며, 그 이름을 모르는 사람
이 없을 정도로 유명한 약초이다. 가슴이 쓰릴 때, 달걀껍질과 감초를

6 : 1의 비율로 섞어서 보드랍게 가루 낸 다음 한번에 3g씩 하루 3번 식후에 먹으면 위산이 많아서 생기는 가슴 쓰린 증상이 사라진다.

⑤ **소태나무**(*Picrasma quassioides*)

소태나무과에 달린 갈잎작은큰키나무이며, 잎은 깃꼴이고 잔잎은 긴 타원형이며, 5~6월에 황록색 꽃이 핀다. 나무 전체가 쓴맛이 나며, 껍질은 약재로 쓰이고 열매는 회충약·위장약 등에 쓰인다. 소태나무 5~10g을 물 200ml 에 넣고 달여서 하루 3번에 나누어 먹으면 위장이 튼튼해지고, 입맛이 돌며 소화가 잘되어 속이 편해진다.

16) 입맛이 없을 때

① **귤**(橘/*Citrus unshiu*) **껍질**

쥐손이풀목 운향과의 상록활엽교목으로 높이 약 5m가량 자라며 종류가 많다. 온화한 지방에 잘 자라며, 우리나라에서는 남해안 일부와 제주도에서만 생산된다. 위장이 약하고 입맛이 없을 때 귤 껍질 20~30g을 물에 달여 하루 2~3번에 나누어 식간에 먹으면 소화액이 잘 분비되고 입맛이 돌아온다.

② 질경이(*Plantago asiatica*)

질경이목 질경이과의 여러해살이풀로서, 길장구·배부장이·배합조개라고도 한다. 줄기는 없고 잎은 뿌리에서 모여 나와 비스듬히 퍼진다. 잎자루는 잎새와 길이가 비슷하고 밑부분이 넓어져서 서로 감싼다. 잎은 타원형이나 달걀꼴이고 맥이 나란히 달리며 가장자리는 물결 모양이다. 열매는 방추형의 삭과로서 꽃받침보다 2배 정도 길고, 익으면 옆으로 갈라져서 뚜껑처럼 열려 6~8개의 검은 씨가 나온다. 씨를 말린 것을 차전자(車前子)라 하여 거담 및 이뇨제로, 잎은 식용으로 쓰인다. 뿌리째 뽑아 20~30g을 물에 달여 하루 2~3번에 나누어 식간에 먹으면 소화액의 분비를 항진시켜서 입맛을 돋운다.

③ 냉강 (生薑 / *Zingiber officinale*)

생강의 매운맛은 위액의 분비를 촉진하고 장을 튼튼하게 하므로, 생강을 잘 씻어서 즙을 짜내어 한번에 4~5ml씩 하루 1~2번씩 식간에 먹으면 입맛이 돌아와서 식욕이 좋아지고 소화도 잘된다.

④ 마늘(*Allium sativum* for. *pekinense*)

마늘에서 나는 특유한 냄새와 매운맛이 위와 장의 점막을 자극하여 소화액 분비를 늘리고 혈당을 낮추어 입맛을 돋우고 소화를 도우며, 위장을 튼튼하게 한다. 그래서 마늘을 굽거나 쪄서 식전에 5~6쪽씩 먹는다. 또는 생마늘을 식사 때 장에 찍어서 먹어도 효과가 있다.

⑤ 보리길금

보리길금 속에는 많은 소화효소들이 들어 있어서, 소화를 돕고 입맛을 돋운다. 먹은 것을 잘 삭이고 헛배 부르는 것을 가라앉히면서 입맛을 돋운다. 입맛이 없고 소화가 잘 안 될 때, 보리길금과 약누룩 각각 같은  양을 보드랍게 가루 내어 한번에 3~4g씩 하루 3번 식간에 먹으면, 좋은 효과가 나타난다.

17) 황달일 때

① 제비쑥(*Artemisia japonica*)

초롱꽃목 국화과의 여러해살이풀로서, 줄기는 높이 40~140cm이고, 풀에는 전체적으로 털이 없고, 위쪽에서 약간의 가지가 나온다. 산지에 나며 어린 잎은 식용하고 한방에서 청호(靑蒿)라 하여 식은 땀 나는 데와 외상 등에 쓴다. 황달에도 먹는데, 15~20g을 물에 달여 하루 2~3번에 나누어 식후에 먹으면 열이 내리는 효과가 있다.

② 마디풀(*Polygonum aviculare*)

여뀌목 여뀌과의 한해살이풀로서 전체에 털이 없고, 줄기는 갈라져 위로 뻗고 세로 줄이 많다. 마디는 부풀어 있다. 7~9월에 잎 겨드랑이에 녹색의 작은 꽃이 다발로 핀다. 어린 잎은 나물로 먹으며, 한방에서는 건조하여 이뇨제나 구충제 등에 사용한다. 신선한 마디풀을 뜯어, 즙을 내어 한번에 50~80ml씩 하루 1~2번씩 식간에 먹으면 열을 내리고 이뇨작용을 촉진해서 황달에 좋다.

③ 미나리(*Oenanthe javanica*)

미나리목 미나리과의 여러해살이풀로서, 줄기는 땅위를 기며 마디에서 뿌리를 내어 번식한다. 비타민이 풍부하고 칼슘 등 무기질이 많은 알칼리성 식품으로 주로 채소로 이용하나 해열·혈압강하 등 약용효과도 있어 민간약으로도 쓰인다. 채소로서 김치, 볶음, 부침, 생채를 만들어 먹어도 몸에 좋다. 해열작용·간 보호작용·간에 지방 침착을 막는 작용이 있으므로 건강식으로 좋고, 만성간염으로 황달이 있을 때 식이요법으로 쓰면 좋다. 산 계곡에 자생하는 것을 돌미나리라 하며, 향기와 풍미가 더 좋다. 신선한 것을 즙내어 한번에 50~100ml씩 하루 3~4번 먹는다.

④ 나철쑥(*Artemisia capillaris*)

초롱꽃목 국화과의 여러해살이풀로서, 줄기 아랫부분이 목질화되어 반관목이 되고, 꽃이 달리는 줄기는 짧고 윗부분은 잎이 뭉쳐나서 로켓 모양이 된다. 어린순은 식용하며, 한방에서는 인진호(茵蔯蒿), 인진쑥이라 하여 이뇨·이담·해열제로서, 황달·간염·식중독·신장염 등의 치료에 이용한다. 초가을에 채취한 인진쑥 15g을 물에 달여 하루 3번에 나누어 먹으면 좋고, 특히 부인병에 좋다.

⑤ 앵두나무(*Prunus tomentosa*) 뿌리

장미목 벚나무과의 낙엽관목으로, 높이 2~3m 정도 자란다. 4월에 잎보다 먼저 또는 새잎과 함께 지름 1.5~2cm의 흰색 혹은 담홍색의 꽃이 피고, 아름답고 달콤한 열매가 6월에 붉게 익고 먹을 수 있다. 뿌리를 진하게 달여 한번에 30ml씩 하루 3번 식후에 먹으면 소변이 잘 나오고 황달이 낫는다.

⑥ 박(*Lagenaria leucantha*)

박목 박과의 한해살이 덩굴식물로서, 전체에 짧은 털이 있으며 덩굴손으로 감으면서 뻗고, 꽃은 양성화이며 7~9월에 잎 겨드랑이에

서 흰색으로 핀다. 열매는 장과인데 말려서 바가지로 쓴다. 박 속 또
는 참외꼭지를 잘 말려 보드랍게 가루를 만들어서, 하루에 한번 조
금씩 코 안에 불어넣는다. 그러면 코 안 점막이 자극을 받아 콧물이
많이 흐르면서 황달이 빠져나간다. 그러나 박 속은 독성이 있으므로
쓰는 횟수와 양을 잘 조절하며 써야 한다.

⑦ 땅꽈리 (*Physalis angulata*)
가지과에 속하는 한해살이풀로, 높이는 60cm쯤이고, 잎자루가 긴
알꼴 잎은 톱니가 있다. 7월에 종 모양의 희고 짧은 꽃이 잎 겨드랑
이에서 피고, 물렁 열매를 맺는다. 뿌리째 뽑아 20~40g을 물에 달여
하루 3번에 나누어 먹으면 황달에 효과가 있다.

18) 입 안에서 냄새가 날 때

① 족두리풀 (細辛 / *Asarum sieboldii*) 뿌리
쥐방울과에 속하는 여러해살이풀이며, 뿌리를 건조한 약재를 세신
(細辛)이라 한다. 시·소신(少辛)·세초(細草)라고도 한다. 세신이

란, 뿌리가 가늘고 몹시 매운 맛을 띠고 있어서 붙여진 명칭이다. 5~7월에 뿌리를 채취하여 그늘에서 말린다. 효능은 감기로 코가 막히거나 콧물이 흐를 때 분비물을 배출시키고 발한작용을 한다. 또 열이 심하고 두통이 있을 때 쓰인다. 만성기관지염이나 기관지확장증에 진해제로서 쓰이고, 구내염에도 효과가 있다. 주로 입에서 냄새도 나고 삭은 이가 아픈 데 좋다. 족두리풀에는 매운 맛과 페놀 성분이 있어서 입 안의 염증을 없애며, 나쁜 냄새를 없애고 통증을 멎게 하는 작용이 있다. 뿌리째 뽑아 진하게 달여 뜨거운 약물을 입에 물었다가 식은 다음 뱉어 버리며 여러 번 입을 가시면 입에 냄새가 없어진다.

② 구릿대 (*Angelica dahurica*)

미나리목 미나리과 두 해 또는 여러해살이풀로서, 줄기는 곧게 서며 높이는 1.5m 가량이다. 전체에 털이 없고 뿌리줄기는 굵은 편이며, 수염뿌리가 많으며, 꽃은 백색이고 6~8월에 핀다. 산의 골짜기에 나는데 뿌리는 백지(白芷)라 하여 한약재로 쓰이고 어린 잎은 나물로 먹는다. 궁궁이와 구릿대를 각각 30g을 가루 내어 졸인 꿀로 반죽해서 한 알의 크기가 약 1.5g 정도 되게 알약을 만들어 한번에 4알씩 하루 3번 식후에 먹으면, 입 안의 냄새를 없애고 혈액순환이 잘되어 궤양이 빨리 아문다.

③ 참외(*Cucumis melo var, makuwa*) 씨

박목 박과 한해살이 덩굴식물로, 원산지는 인도이며 야생종에서 개량된 것이다. 여름철 기호식품으로 널리 알려진 참외 열매는 최토제(催吐劑)와 가벼운 하제(下劑) 등의 약재로 쓴다. 성분은 수분이 96%로 성분의 대부분을 차지하고 단백질과 탄수화물은 각각 0.5%, 2.4% 정도이다. 또한 100g 중에 인산 36mg, 칼슘 4mg, 철 3mg이 포함되어 있으며 열량은 13cal이다. 참외의 씨에는 팔미틴산, 스테아린산을 비롯한 여러 가지 산들이 풍부하여 입 안의 염증을 가라앉히고 냄새를 없애며, 입 안 주위 조직을 깨끗이 하는 약리작용이 있다. 입 안에 고약한 냄새가 날 때, 참외 씨를 말려서 가루 내어 꿀이나 조청으로 반죽해서 한 알의 크기가 0.3g 되게 알약을 만들어, 아침마다 양치한 다음 한 알씩 입에 물고 녹여 먹으면 냄새가 없어진다.

④ 매화 (梅實 / *Prumus mume*) 열매

장미목 장미과의 화훼식물로서, 높이는 5m 정도 자라며, 매화나무라고도 한다. 중부지방에서 꽃은 잎보다 먼저 4월에 연한 홍색으로 보통 잎 겨드랑이에 1~2개가 피는데, 향기가 짙다. 매실(梅實)이라고도 하는 열매는 보통 꽃이 진 다음에 결실을 하는 핵과(核果)이며, 둥글고 지름 2~3cm이며 융모(絨毛)로 덮여 있고 녹색이지만 7월에 황색으로 익으며 매우 시다. 이 열매는 매실주(梅實酒)·매실정과(梅實正果)·과자 원료 등으로 식용하며, 한방에서는 오매(烏梅)라고 하여 약으로도 쓰인다. 입 속에 소금에 절인 매실을 물고 있으면 나쁜 냄새가 없어지고, 입 안을 소독해서 입 안이 깨끗해진다.

⑤ 향유 (*Elsholtzia ciliata*)

통화식물목 꿀풀과 한해살이풀로서, 높이 30~60cm이고, 줄기는 네모지고 털이 있으며 곧게 자란다. 꽃은 8~9월에 홍자색으로 피며 길이 5~10cm, 지름 7mm로 원줄기·가지 끝에 긴 이삭 모양으로 달린다. 꽃이 달려 있는 원줄기와 잎은 이뇨·해열·지혈제 등으로 쓰이는데, 산야에서 자라고 전국 어디서라도 찾아볼 수 있다.

입에 냄새가 날 때, 6~8g을 달여 하루 3번에 나누어 먹거나 입을 가시면 냄새가 사라진다.

⑥ 범부채(*Belamcanda chinensis*)

백합목 붓꽃과의 여러 해살이풀로서 높이 50~100cm 정도로 자라며, 뿌리줄기가 옆으로 뻗고 잎이 어긋난다. 꽃은 황적색 바탕에 짙은 얼룩점이 있는데 7~8월에 피며, 뿌리줄기는 해열·해독·소염작용이 있어서 약으로 쓰인다. 입 안에 염증이 있거나, 인후가 곪는 데, 또는 편도염을 비롯한 입 안에 염증을 없애는 데 널리 쓰이고 있다. 6~8g을 달여서 하루 3번에 나누어 먹으면 입 안이 깨끗해지고 냄새도 없어진다.

⑦ 회향(fennel / *Foeniculum vulgare*)

어린 싹과 줄기로 국을 끓여 먹거나 생나물로 무쳐서 먹는다. 회향에는 단맛과 향기로운 맛이 있어 음식물의 변질된 냄새를 다시 제맛으로 돌아가게 하므로 회향이라고 이름했다. 입 안에서 냄새가 날 때와 상기에 이상이 생겼을 때 쓰이며, 점막을 자극하여 분비선의 분비기능도 도와준다.

19) 변비일 때

① 역삼 씨

들에 자생하는 풀로 삼과 비슷하며, 줄기의 껍질은 실로 쓰이고, 열매로는 식용기름을 짜기도 하는데, 씨에는 장 점막을 자극하여 장의 운동운동을 활발하게 하며, 또한 물기가 잘 흡수되지 않게 해서 변을 무르게 하므로 변비를 없애는 작용을 한다.

씨를 볶아서 가루로 만들어 한번에 20g씩 하루 3번 식사 1시간 전에 먹으면 변비에 효과가 크다.

② **결명자**(決明子 / *Cassia tora*) **씨**

콩과에 속하는 한해살이풀인 결명자의 종자를 말린 것을 결명자라 한다. 결명자는 높이가 1~1.5m로 잎은 깃모양 겹잎이고 2~4쌍의 작은 잎이 달리며, 작은 잎은 거꿀달걀꼴로 길이는 2~3cm이다. 꽃은 노란색이고 5장의 꽃잎이 방사 모양으로 달리며, 대부분 2개가 쌍을 이루어 잎 겨드랑이에서 핀다. 종자의 길이는 약 5~8mm로 한방에서는 결명자라고 한다. 에모딘·앨로에모딘 등의 글리코시드를 함유하고 안트라퀴논 화합물이 대장의 연동운동을 세게 하여 설사를 일으킨다. 간경·담경·신경에 작용하여 간열을 내리고 눈을 밝게 하며 간기를 돕고 대변을 잘 통하게 한다. 또한 혈압강하와 포도상구균·대장균·인플루엔자균 등의 발육을 억제하는 효과가 있어 항균제로도 이용된다. 간의 병변으로 인한 안질에도 효과가 뛰어나 눈이 충혈되고 햇빛을 볼 수 없을 정도로 시리거나 눈물이 나오는 증상에도 쓰인다.

변비를 치료하기 위해서는 씨 볶은 것 두 숟가락을 물 1*l* 에 넣고 절반이 되게 달여서 3번에 나누어 식후에 먹으면 변이 무르고 통변이 잘 된다.

③ 나팔꽃(*Pharbitis nil*) 씨

통화식물목 메꽃과의 쌍떡잎식물로서 높이 3m 정도 자라는 한해살이풀이다. 전체에 거친 털이 있고, 왼편으로 감아 올라가는 덩굴식물이다. 잎 밑은 넓고 잎 겨드랑이에 큰 꽃이 한 자루에 1~3송이 달리며, 7~8월에 남자색·백색·홍색 등의 꽃이 피는데, 아침 일찍 피었다가 낮에는 오므라든다. 열대아시아 원산이고 관상용으로 전세계에서 재배하며 씨는 약용으로 한다.

변비가 심할 때 그리고 몸이 부으면서 변이 나가지 않을 때, 나팔꽃 씨를 약한 불에 볶아서 가루로 만든 것을 한번에 3g씩 하루 3번 식전에 먹으면 변비가 없어진다.

④ 땅콩(*Arachis hypogaea*)

장미목 콩과의 한해살이풀로서, 낙화생(落花生)이라고도 한다.

땅콩은 100g 중 단백질 25g, 지질 47g, 탄수화물 16g이 함유되어 있고, 이 밖에도 무기질(특히 칼륨), 비타민 B_1·B_2, 니아신 등이 풍부한 우량 영양식품이다.

변비가 심할 때, 땅콩을 볶아서 가루를 내어 하루 3번, 1회 5g 정도를 먹으면 변이 물러지고 변비가 멎는다.

⑤ 호두(*Juglans sinensis*)

호두나 잣을 한번에 20~
30g씩 하루 2~3번 먹으면, 허
약체질과 노인들의 변비에 효
과가 크다.

⑥ 역삼 씨

노인들의 습관성 변비와 어린이, 해산 후 및 허약한 사람들의 변비에 역삼 씨 20g, 당귀 12g을 물에 달인 다음 꿀 20g을 타서 하루 3번에 나누어 먹으면 부작용도 없고 변이 무르며, 변비가 멎는다.

⑦ 대황(大黃 / *Rheum undulatum*)

마디풀목 마디풀과의 쌍떡잎식물로서, 길이 약 1m 정도 자라는 여러해살이풀이다. 뿌리는 굵으며 황색이고 줄기는 거칠며 크고 가운데가 비며 곧게 선다. 꽃은 황백색의 겹총상꽃차례로 7~8월에 피고, 가지와 원줄기 끝에 원추꽃차례를 이루며, 작은 꽃이 여러 개 작은 꽃자루로 꽃대 위에 돌려난다. 뿌리는 약용으로 사용하는데, 대황 속에 포함된 디아트론 배당체가 대장의 운동을 촉진시켜 변을 무르게 하고 변비를 없애는 작용을 한다. 그러므로 심한 변비에 대황 50g, 감초 10g을 함께 섞어 가루를 만들어 한번에 3g씩 저녁 식사 뒤 3시간 정도 지나서 먹으면 변비에 효과가 아주 크다.

20) 불면증일 때

① 측백(側柏 / *Thuja orientalis*) 씨

측백나무 씨앗을 약한 불에 볶아서 가루 낸 것을 한번에 3~4g씩 하루 3번 식간에 먹으면, 측백 씨에 들어 있는 사포닌 성분의 진정 작용으로 가슴이 두근거리고 잘 놀라는 심장신경증이나, 신경쇠약으로 오는 불면증과 악몽 등을 꾸면 잠에서 깨어나지 못하는 증상을 깨끗이 없애준다.

② 오미자(五味子 / *Schisandra chinensis*)

오미자는 대뇌신경을 조절하는 작용이 있기 때문에 자주 흥분하면서 잠을 못 자는 데 사용하면 잠이 잘 오고 신경이 안정된다. 오미자 열매를 잘 건조시켜서 보드랍게 가루로 만들어 한 번에 1~3g씩 하루 3번 따뜻한 물에 타서 먹으면 신경이 안정되고, 잠도 잘 온다.

③ 영지 (靈芝 / *Ganodermalucidu*)

영지에도 진정작용이 있으므로, 신경쇠약과 과민으로 잠을 이루지 못하는 데 쓰면 잠이 잘 오는데, 영지 12g을 물 100ml에 달여 하루 2번에 나누어 먹으면 효과가 크다.

④ 두릅나무 (*Aralia elata*)

산형화목 두릅나무과 의 쌍떡잎식물으로 높 이 3~4m인 낙엽활엽 관목으로서 나무 전체 에 억센 가시가 많다. 산록의 양지 및 골짜기 에 자라고, 뿌리와 열 매는 약용하고 새싹은 식용한다. 해발 100~ 1600m 정도인 고지에 야생하며, 우리 나라 전역에 분포되어 있다. 일본·쿠릴열도·사할 린·중국·만주 등지에 분포한다.

중병을 앓고 난 다음, 신체허약과 신경쇠약으로 잠을 이루지 못할 때, 뿌리껍질 10g을 물 200ml에 달여 하루 3번에 나누어 먹으면 마 음이 안정되고 잠이 잘 온다.

⑤ 꽃고비 (*Osmunda japonica*)

고사리목 고비과의 양치식물로서, 높이 0.6~1m가량 자라는 여러 해살이풀로 뿌리줄기는 짧고 굵으며 잎은 뭉쳐난다. 어리고 연한 잎 은 주먹같이 오그라들고 흰 솜털로 덮인다. 민간 약으로 말린 잎은 인후통에, 뿌리는 이뇨제로 사용한다. 어린 줄기는 나물이나 국거리 로 쓴다. 산야의 숲 속에 나고, 한국 전역에 분포하는 흔한 나물이다.

　신경이 예민해서 잠들기 힘들거나 깊이 잠들지 못할 때, 고비 6g
을 물 200ml에 달여서 하루 3번에 나누어 먹으면, 브롬제와 거의 비
슷한 진정작용으로 잠을 편히 잘 수 있다.

⑦ 골풀 (*Rhynchospora faberi*)
　벼목 사초과의 외떡잎식물로 높
이 10~40cm인 저습지에서 자라는
여러해살이풀로 줄기잎은 다발지
고 전체적으로는 가늘며 줄기는 철
사 모양으로 섬세하다. 잎은 줄기
와 비슷한 줄 모양이며, 꽃은 여름
에 잎 겨드랑이에서 2~3개씩 길이
약 3mm의 작은 이삭이 난다. 가슴
이 답답하고 신경이 날카로워 잠을
잘 수 없을 때, 골풀의 속살 4g을
물에 달여 하루 3번에 나누어 먹으
면 효과가 있다.

⑧ 족두리풀(細辛 / *Asarum sieboldii*) 뿌리

여러 가지 공상이 많아서 잠을 제대로 잘 수 없을 때, 주사 10g, 족두리풀 뿌리 5g을 가루를 내어 잘 섞어서 한번에 2~3g씩 하루 3번 먹으면, 마음이 편안해지고 잠이 잘 온다.

⑨ 대추(*Zizyphus jujuba*)

갈매나무목 갈매나무과의 낙엽교목으로 낙엽성이며 높이 15m 정도까지 자라며, 가지에 긴 가시바늘이 있다. 약용으로나 제과 또는 기호식품으로 많이 이용하는 대추는 불면증에도 효과가 있으며, 대추 30개, 파뿌리 7개를 물에 달여 하루 한번 식간에 먹으며, 몸이 약하고 가슴이 답답하며 손과 발에 열이 있으면서 잠이 잘 오지 않을 때 효과가 있으며, 몸에 열이 내리고 잠이 잘 온다.

⑩ 천마(天麻 / *Gastrodia elata*)

천마와 궁궁이를 잘 말려서, 각각 같은 양을 보드랍게 가루로 만들어, 꿀이나 조청에 반죽해 알약을 만들어서 한번에 1~2g씩 하루 3번 먹으면, 머리가 어지럽고 아프거나 잠이 오지 않을 때 효과가 있다.

21) 땀이 많이 날 때

① 단너삼(*Astragalus membranaceus*)

장미목 콩과 여러해살이풀로서 높이 1m 정도이고, 전체에 털이 있다. 잎은 홀수 깃꼴겹잎이며, 달걀 모양 긴 타원형이고 6~11쌍으로 구성된다. 꽃은 담황색으로 7~8월에 총상꽃차례로 잎 겨드랑이에서 나온다. 길이 15~18mm이고, 작은 꽃자루가 있으며 잎과 길이가 비

슷하다. 한방에서는 뿌리를 황기라 하며, 연화(緩和)·강장(强壯)·지한제(止汗劑)로 쓴다. 산지에서 자라며 한국 전역에 분포한다. 몸이 허약해서 땀이 너무 많이 날 때, 뿌리 12g을 물에 달여 하루 3번에 나누어 식후에 먹으면 식은땀이 멎고 마음이 상쾌해진다.

② 참깨 (*Sesamum indicum*)

몸이 허약하며 땀을 많이 흘릴 때, 참깨기름 한 숟가락을 끓여서 식힌 다음 달걀 3개를 까 넣고 잘 섞어서 하루 3번에 나누어 식전에 먹으면, 식은땀이 없어지고 건강이 회복된다.

③ 둥굴레 (*Polygonatum odoratum* var. *pluriflorum*)

백합목 백합과의 외떡잎식물로 높이 30~60cm인 작은 식물이다. 꽃 모양을 따서 괴불꽃이라고도 한다. 꽃은 6~7월에 1~2개씩 잎 겨드랑이에서 피며 꽃자루는 단일하거나 혹은 2갈래로 갈라지고, 꽃잎은 길이 약 2cm이고 끝이 6갈래로 갈라지는데 각 조각은 달걀꼴로 녹색이다. 뿌리·잎은 약으로 이용하며, 어린 잎은 식용한다. 뿌리줄기는 식용 및 자양강장제로 사용하는데, 한국 전역에 폭넓게 분포한다.

몸이 허약해서 식은땀이 날 때, 뿌리 20~30g을 물에 달여 하루 3번에 나누어 식전에 먹으면 효과가 있고, 평소 둥굴레 차를 계속 마셔도 체온이 잘 조절되고 건강에 좋다.

④ 삽주 (*Atractylodes japonica*)

초롱꽃목 국화과의 여러해살이풀로, 줄기 높이 30~100cm 정도이며, 햇빛이 잘 드는 건조한 산과 들의 초원에서 자란다. 줄기는 곧게 서고 단단하다. 꽃은 자웅이주이고 가을에 흰색 또는 담홍색의 꽃이 핀다. 어린 싹은 연하여 식용된다. 땅속줄기를 말린 것을 창출(蒼朮)이라 하여 이뇨제·방향건위제로 쓰고, 또 음력 정월에 마시는 도소주(屠蘇酒)의 재료로도 쓰인다. 땀이 많이 나거나, 잠 잘 때 식은땀이 많이 날 때, 삽주 20g, 방풍, 단너삼 각각 10g을 함께 물에 달여서 하루 3번에 나누어 먹으면 식

은땀이 멎고 마음이 상쾌해진다.

또는 삽주와 귤 껍질을 2 : 1의 비율로 섞어 보드랍게 가루 내서 한번에 6g씩 하루 3번씩 식간에 먹어도 효과가 있는데, 입맛이 없고 소화가 잘 되지 않으며, 기운이 없고 식은땀이 나는 데 효과가 있다.

22) 복수(腹水)일 때

① 옥수수(corn / *Zea mays*) 수염

옥수수의 성숙한 알갱이 100g 속의 성분은 수분 14.5g, 단백질 8.6g, 지질 5.0g, 탄수화물은 당질 68.6g과 섬유질 2.0g, 무기염류 1.3g이고, 미숙한 알갱이 100g 속의 성분은 수분 74.7g, 단백질 3.3g, 지질 1.4g, 탄수화물은 당질 18.7g과 섬유질 1.2g, 무기염류 0.7g이다. 우리가 즐겨 먹는 옥수수는 미숙과인데, 그대로 찌거나 구워서 식용으로 하고 있고, 완숙과는 가루를 내어 여러 가지 요리와 사료로 사용한다.

수염에는 뚜렷한 이뇨작용이 있어서, 늑막염으로 배에 물이 차거나 기타 여러 가지 원인으로 배에 물이 찼을 때 약으로 이용한다. 옥수수 수염 말린 것 15g 을 물 300ml에 달여 하루 3번에 나누어 먹으면 효과가 크다.

⑥ 팥 (red bean, small red bean / *Phaseolus angularis*)

장미목 콩과 한해살이풀로서 높이 30~50cm이며 원산지는 아시아 극동지역으로서 중국에서는 2000년 전부터 재배가 되었고, 한국·중 국·일본 등에서 재배되는 작물이다. 팥에는 녹말 등의 탄수화물이 약 50% 함유되어 있으며, 그밖에 단백질 약 20%, 비타민 B도 많이 들어 있다. 팥은 내장을 덥게 하고 튼튼하게 해서, 오 줌을 잘 나가게 하고 부은 것을 내 리며 독을 풀어주는 약리작용이 있 으며, 간경변증으로 오는 복수 때 쓰면 효과가 크다. 팥 10~30g을 달여서 한번에 먹거나, 팥 150g에 마디풀 10g을 물 600ml에 넣고 달 인 것을 하루 3번 식전에 먹어도 효 과가 크다.

23) 소변에서 피가 날 때

① 측백 (側柏, Chinese arborvitae / *Thuja orientalis*)

측백은 혈관을 수축하고, 혈액의 응고를 촉진하므로 탁월한 지혈 작용을 한다. 특히 달여서 먹으면 흡수가 잘 되어 더욱 효과가 좋다. 잎을 말려 가루로 내어 꿀이나 조청으로 반죽하여 알약을 만들어 한 번에 4~5g씩 하루 3번 먹으면 효과가 있다.

② 마디풀 (*Polygonum aviculare*)

소변에 피가 섞여 나오면 마디풀을 보드랍게 가루로 만들어 한번 에 3~4g씩 하루 3번 먹으면 잘 치료된다.

③ 띠(*Imperata cylindrica* var. *koenigii*) 뿌리

벼과의 여러해살이풀로, 전체에 털이 없고, 줄기는 갈라져 위로 뻗고, 세로 줄이 많고 마디는 부풀어 있다. 어린 잎은 식용하며, 약용으로는 건조해서 이뇨제나 구충제 등에 사용한다. 피오줌이 날 때, 약 30g을 물에 달여 하루 2~3번에 나누어 먹으면 소변의 양이 많아지고 출혈이 멎는다.

④ 연(蓮 / *Nelumbo nucifera*) 뿌리

신선한 연 뿌리를 갈아 즙 30~60g을 내어 하루 3번에 나누어 먹으면 출혈이 모두 멎는다.

⑤ 모래속새 (*Equisetum hyemale*)

속새목 속새과의 상록성 양치식물. 높이 약 1m. 줄기는 원통형이고 분지하지 않으며 진한 녹색이다. 포자낭 이삭이 줄기 끝에 달린다. 줄기에는 다량의 이산화규소가 함유되어 있어 단단하며 목재나 금속 연마에 이용된다.

중국에서는 옛날부터 약용되어 왔으며, 이뇨작용이 현저하여 신장성 질환에 이용되고, 장출혈·이질·탈항 등으로 출혈이 될 때에도 쓰인다. 눈에 백태가 끼는 것을 치료하기도 하며, 간 기능을 활성화시키는 데도 효과가 있다고 한다. 그리고 최근 속새류는 설암이나 간암에도 효과가 있다는 보고가 있다. 산 속 계곡의 물가에서 많이 볼 수 있고 습지에서 자란다. 옹근 풀 40g을 물 700ml에 약 30분 동안 담갔다가 5~8분 동안 끓여서 한번에 200~300ml씩 하루 2~3번에 나누어 먹으면 출혈이 멎는다.

⑥ 꼭두서니 (*Rubia akane*)

꼭두서니 속에는 루베트린산이라는 성분이 들어 있어서, 산염을 녹이는 작용을 해서 콩팥결석, 방광결석 등을 없애 준다. 그러므로 결석으로 인한 출혈에 6~10g을 물에 달여 하루 3번에 나누어 먹으면 통증과 출혈이 멎는다. 강한 지혈작용이 있으므로 기타 다른 출혈에도 쓰인다.

⑦ 오이풀 (*Sanguisorba officinalis*)

소변에 피가 모이거나 객담에 피가 보일 때, 생지황 20g, 오이풀 15g을 달여서 하루 2~3번에 나누어 먹으면 여러 가지 출혈이 잘 멎는다.

⑧ 엉겅퀴 (*Cirsium japonicum* var. *ussuriense*)

조뱅이와 엉겅퀴를 각각 10~15g을 물에 달여 하루 3번에 나누어 먹으면 피의 응고 시간을 단축하고 지혈작용을 한다. 여러 가지 출혈에 매우 효과가 높다.

24) 딸꾹질이 날 때

① 감(*Diospyros kaki*) 꼭지

감나무목 감나무과의 낙엽활엽교목으로, 높이 14m 정도이며, 연 평균 기온 11~15℃, 열매가 성숙하는 9~10월의 평균기온 21~23℃가 생육에 가장 적합하다. 재배 현황은 단감은 과수원에서 집약재배를 하지만 재래 품종은 대개 집 근처나 밭둑·산기슭에 심어 거의 방임 상태로 자란다. 추위에 약하여 남쪽 지방에서 많이 생육한다.

감꼭지 5~7개를 물에 달여 하루 2~3번에 나누어 먹으면, 감꼭지에는 센 진정작용이 있으므로 딸꾹질이 멎는다. 더욱 심한 딸꾹질에는 감꼭지와 솔잎 각각 15g을 물에 달여 하루 2~3번에 나누어 먹으면 더욱 효과가 있다.

② 마늘(*Allium sativum* for. *pekinense*)

음식을 잘못 먹어서 나오는 딸꾹질에 마늘 한쪽을 입에 넣고 씹다가 딸꾹질이 나려고 할 때에 삼키면 딸꾹질이 멎는다.

③ 인삼(人蔘, ginseng / *Panaxschinseng*)

미나리목 오갈피나무과(두릅나무과)에 속하는 음지성 여러해살이 풀 또는 이것의 뿌리를 말하며, 예로부터 영약으로 널리 알려진 약초이다. 자양·강장·강심·보정(補精)·건위·진정 등 여러 가지 약효를 나타내고 독성이 거의 없어 만병통치·불로장수의 약초·한약재로 이용되어 왔다. 근래에는 과학적으로도 그와 같은 여러 약효가 인정되고 있다.

딸꾹질이 오래 계속되며 멎지 않을 때, 당귀와 인삼을 각각 5g을 돼지염통 안에 넣고 삶아서 먹으면 딸꾹질에 효과가 있다고 한다.

④ 콩(soybean, soyabean / *Glycine max*)

장미목 콩과 한해살이풀로서 식용작물로 널리 재배되며, 대체로 콩이라면 대두를 말하였으나 현재는 식용으로 이용되는 콩과 식물의 종자를 총칭하는 경우가 많다.

콩에는 30~50%의 단백질과 13~25%의 지방 및 비타민을 비롯한 많은 영양소가 들어 있으며, 성분과 품질에 따라 이용 범위도 매우 넓다. 식용유로 쓰이는 콩기름 한 숟가락을 거품이 없어지도록 졸여서 식힌 다음 생계란 3개를 깨 넣고 고루 섞어 먹으면 딸꾹질이 멎는다.

⑤ 귤(橘 / *Citrus unshiu*) 껍질

귤 껍질에는 건위작용을 하는 방향성 성분이 있으므로 위액 분비를 항진시켜, 위장병으로 오는 딸꾹질을 잘 멈추게 하는데, 귤 껍질 40g을 진하게 달여서 따뜻할 때 한번에 마시면 딸꾹질이 멎는다.

25) 어지러울 때

① 질경이(*Plantago asiatica*)

질경이 속에는 혈액순환을 촉진시키는 물질이 포함되어 있으므로, 질경이 30g을 물 400ml에 달여서 하루 3번에 나누어 먹으면 빈혈이 없어지고 어지럼증도 없어진다.

② 궁궁이 (*Angelica polymopha*)

습관적으로 어지러울 때나 산후에 피가 부족해서 어지러울 때, 쌀 씻은 물에 궁궁이를 담갔다가 말린 것 4~8g을 물 200ml에 달여서 하루 3번에 나누어 식간에 먹으면 어지럼증과 두통이 없어진다.

③ 오미자 (五味子 / *Schisandra chinensis*)

혈압이 높아서 오는 어지럼증에 오미자 15g을 물 100ml에 달여 하루 3번에 나누어 먹으면 혈압도 정상으로 내리고 어지럼증도 없어진다. 또한 구기자와 오미자를 2 : 1의 비로 섞어서 보드랍게 가루 내어 한번에 5~10g씩 하루 3번 식후에 먹어도 좋은 효과가 있다.

④ 천수국 (千壽菊 / *Tagetes erecta*)

초롱꽃목 국화과의 한해살이풀로서, 줄기는 높이 45~60cm 정도이고, 전체에 털이 없으며 가지가 많이 갈라진다. 꽃은 여름에 피는데 두상화는 윗부분이 굵어진 가지 끝에 1개씩 달리고 지름 5~10cm로서 황색·적황색을 띤다. 꽃 4~12g을 물에 달여 하루 3번에 나누어 먹으면 어지럼증이 사라진다.

⑤ 새삼 (*Cuscuta japonica*) 씨

새삼 씨와 숙지황을 각각 같은 양을 가루로 만들어 한번에 8~10g씩 하루 3번에 나누어 먹으면 어지럼증이 사라진다. 새삼 씨의 강심작용·진정작용과 숙지황의 보혈·강장작용이 합쳐서, 빈혈·신경쇠약으로 오는 어지럼증을 없애준다.

26) 비만증일 때

① 호박(*Cucurbita moschata*)

박목 박과 덩굴성 한해살이풀로서, 각종 요리에 많이 쓰이는 친숙한 채소이다.

호박에는 강한 이뇨작용이 있으므로 소변의 양을 늘여 체중을 줄이는 효과가 있다. 호박을 잘게 썰어서 짓찧은 다음 즙을 내어 식간에 먹어도 좋고, 호박국을 끓여서 식사 때 먹어도 좋다.

② 둥굴레(*Polygonatum odoratum* var. *pluriflorum*)

둥굴레 20g, 흰솔뿌리혹 5g, 마 2g을 물에 달여 하루 3번에 나누어 식간에 먹으면 배고픈 감이 사라져, 식사 조절이 되어 비만을 조절할 수 있다.

③ 잣(*Pinus koraiensis*)

구과목 소나무과에 속하는 상록침엽교목의 열매로 긴 달걀꼴 또는 원기둥 모양 달걀꼴로 길이 12~15cm, 지름 6~8cm인 핵과이다. 잣은 생식이나 잣죽·착유 및 그 밖의 각종 요리에 이용되는데, 성질이 온화하고 변비를 다스리며 가래·기침에 효과가 있고 폐의 기능을 도울 뿐 아니라, 허약체질을 보호하고 피부에 윤기와 탄력을 주는 효과가 있다.

잣에는 리놀산을 비롯한 식물성 지방이 대단히 많이 들어 있어서, 중성지방을 비롯한 콜레스테롤을 녹이는 작용이 있으므로 비만체질을 변화시키는 작용을 한다. 잣 9~12g을 하루 3번에 나누어 식사 전에 먹어도 좋고, 잣죽을 쑤어 먹어도 체중을 줄이는 데 도움이 된다.

27) 부기가 있을 때

① 옥수수(corn / *Zea mays*) 수염

옥수수 수염이나, 길장구 씨는 모두 오줌을 잘 나오게 하는 작용이 있지만, 두 가지를 함께 쓰면 효과가 더 강하다. 신장염이나 기타 질환으로 부기가 있고 소변이 잘 나오지 않을 때, 길장구 씨 15g과 옥수수 수염 50g을 물에 달여 하루 2~3번에 나누어 먹으면 효과가 크다.

② 마늘(*Alliumsativum* for. *pekinense*)

가물치의 배를 갈라 내장을 꺼내고 그 속에 마늘을 가득 넣은 다음 물을 적신 문종이로 3~4겹을 싸서 숯불에 타지 않을 정도로 굽는다. 그것을 보드랍게 가루 내어, 한번에 2~3g씩 하루 3~4번 따뜻한 물에 타서 먹으면 소변이 잘 나온다.

간장에 이상이 있어 몸이 붓는 데 효과가 있다.

③ 미나리(*Oenanthe javanica*)

가물치에는 강한 이뇨작용이 있다. 가물치의 배를 갈라 내장을 꺼내고, 그 속에 미나리를 가득 넣고 끓여서 하루 5번에 나누어 먹으면, 간경변증으로 배에 물이 차고 몸이 붓는 데 아주 효과가 있다.

④ 호박(*Cucurbita moschata*)

호박에는 이뇨작용이 있어서 몸 속의 노폐물을 모두 배출하고 소변의 양을 많이 늘이며, 부기를 빠지게 하는 작용을 한다. 잘 익은 호박의 속을 파낸다. 그리고 그 속에 팥 한 줌을 넣고 삶아서 짓찧은 다음 하루 3번 식사 전에 먹으면 효과가 있다.

⑤ 갈퀴나물(Vicia amoena)

장미목 콩과의 쌍떡잎식물로, 녹두루미 또는 말굴레풀이라고도 한다. 여러해살이 덩굴식물로 다른 물체를 감으면서 80~180cm 정도로 자란다. 꽃은 홍자색으로 6~9월에 총상꽃차례로 잎 겨드랑이에서 핀다. 꽃자루가 길고 꽃이 많으며 작은 꽃자루는 짧다. 어린 잎과 줄기는 나물로 먹는다. 부기가 있을 때, 옹근 풀 8~20g을 물에 달여 하루 3번에 나누어 먹으면 효과가 있다. 신선한 풀은 40~60g 정도를 달인다.

⑥ 으름덩굴(Akebia quinata) 줄기

미나리아재비목 으름덩굴과의 낙엽 덩굴성 목본으로, 길이 약 5m 정도이며, 잎은 어긋나고 손바닥 모양 겹잎이다. 봄에 아래로 처진 총상꽃차례에 담자색의 꽃이 달린다. 반투명한 열매살은 단맛이 나며 식용할 수 있다. 알칼로이드는 함유되지 않는데, 한방에서 으름덩굴줄기를 목통(木通)이라 하며 이뇨제·진통제로서 쓰이고, 말린 열매는 졸중풍(卒中風)의 예방약으로 쓰인다. 산야에 자생한다.

신선한 줄기 12g을 물 100ml에 달여서 하루 3번에 나누어 먹어도 좋고, 팥 100g에 으름덩굴 줄기 8~12g을 넣고 물에 달여서 하루 2~3번에 나누어 식간에 먹어도 심장이 나빠서 오는 부기와 신장이 나빠서 오는 부기, 기타 임신중독으로 오는 부기 등에 모두 좋은 효과가 있다.

28) 멀미날 때

① 천마 (天麻 / *Gastrodia elata*)

자동차나 배를 타고 가기 며칠 전부터, 천마 15g을 물에 달여 하루 2~3번에 나누어 먹으면 멀미가 나지 않는다.

② 송진

자동차나 배를 타기 전에 송진 콩알만한 것 3개를 더운물에 타서 먹고 차를 타면 멀미가 나지 않는다.

③ 솔잎 (pine / *Pinus*)

멀미가 심하지 않을 때는 솔잎을 입에 물고 있으면 멀미가 나지 않는다고 한다.

5. 생즙으로 이용하는 산야초

채소나 야생초는 가급적 날것으로 먹는 것이 가장 좋고, 각종 무기질이나 비타민이 파괴되지 않고 그대로 흡수되기 때문에 가장 이상적이다. 그러나 먹기가 거북해서 날것 그대로 먹을 수 없기 때문에 녹즙(綠汁)으로 만들어 먹는 경우가 많다.

　녹즙(綠汁)의 효과는 근래 많은 학자들로부터 높이 평가되어, 건강을 위해 많이 권장되고 있다. 야채라면 많은 양을 먹어야 되는데도, 녹즙이라면 소량을 먹어도 그 속에 중요한 영양소인 비타민과 무기질이 파괴되지 않고 섭취되므로, 환자나 노인 그리고 병후 회복을 요하는 사람이나 미용식으로 젊은 여성들에게도 애용되고 있다.

　맛이 극히 나쁜 것은 아무리 몸에 좋아도 먹을 수가 없는데, 아무래도 야생초의 즙이니 다소의 쓴맛이나 풋내는 나게 마련이다. 그러므로 꿀이나 설탕, 사과주스나 밀감주스 등을 타서 마시고, 짜서 오래 두지 말고 즉시 먹는 것이 좋다.

　녹즙을 만드는 일반적인 방법은, 물에 깨끗이 씻은 다음 '믹서'나 '주서'에 넣고 소량의 물을 가한 다음 갈아서 마시면 된다.

　그러면 녹즙(綠汁)으로 이용할 수 있는 야생초를 알아본다.

1)　명아주, 흰명아주

　엽록소, 무기질, 비타민 등을 많이 포함하고 있으므로 자양강장을 위해 매일 조금씩 복용하면 좋다.

　녹즙(綠汁)을 만들 때 잎에 붙은 은색의 가루를 잘 씻은 다음 믹서에 가는 것이 좋다.

2) 감

이 과실은 맛이 좋은 식품이며, 잎은 차나 튀김을 해서 먹을 수 있고, 또한 녹즙(綠汁)으로 만들어 먹으면 동맥경화증을 예방할 수 있다고 한다.

3) 민들레

누구나 잘 아는 민들레는 조금 쓴맛이 있으나 많은 비타민을 포함하고 있으므로, 식욕증진·건위(健胃)에 효과가 아주 좋다. 설탕이나 꿀을 타서 먹으면 먹기가 한결 좋다.

4) 순무

고혈압·변비 등에 좋을 뿐만 아니라 어린 잎에는 염화칼륨을 많이 포함하고 있으므로, 동백경화의 예방이나 통변 등에 좋다.

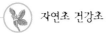

5) 별꽃

녹즙을 짜서 그것을 그냥 먹는 것이 아니고, 거기 소금을 가해서 약한 불에 졸인다. 그것을 입에 물고 입을 헹구어내면 잇몸이 좋아지고 치은염을 예방한다.

6) 범의귀

염화칼륨 등을 많이 포함하고 있으므로, 이뇨작용이 있을 뿐만 아니라 건위에도 효과가 있다. 맛이 좀 쓰므로 꿀이나 설탕을 타서 마시면 좋다.

7) 익모초

더위를 먹어 식욕이 없거나 힘이 없을 때 생즙을 내서 마시면 아주 효과 크다. 예로부터 많이 애용한 약제이다.

한방에서는 익모초의 옹근 풀 말린 것을 익모초라 하여 약재로 쓰는데, 맛은 맵고 쓰며 성질은 약간 차다. 간경(肝經)·심포경(心包經)에 작용하며, 피를 잘 돌게 하여 어혈(瘀血)을 없애고 월경을 고르게 한다. 또한 배뇨를 원활하게 하고 독을 풀어 타박상·복통·월경불순·산후 출혈 등에 달여서 쓴다.

6. 약탕(藥湯)

목욕물 속에 여러 가지 약초를 넣어 약탕(藥湯)을 만들어서 목욕을 하면 약 성분이 피부로 흡수되어 건강에 많은 이점이 있다. 우리가 잘 아는 쑥탕 말고도 여러 가지 약탕(藥湯)이 있는데, 여기서는 손쉽게 산야에서 구할 수 있는 약탕에 대해 알아본다.

약탕을 만드는 방법은, 산야에서 채취한 약을 수건으로 만든 자루에 넣고 약이 밖으로 나오지 않도록 끈으로 단단히 묶은 다음, 탕 안에 넣어서 약물이 우러나오도록 기다리면 된다. 이때 사용되는 약재는 건조한 것도 좋으므로, 약초가 많이 나는 제철에 많이 수집해서 그늘에 말려두었다가 일년 내내 조금씩 쓰면 좋다.

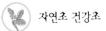

1) 쑥

쑥에 종류가 많은데, 보통 산야에 나는 쑥도 좋지만 약쑥을 쓰면 더욱 좋다. 냉증·저혈압·요통·어깨결림 등에 효과가 좋다.

2) 오이풀

습진·화상·기타 일반 피부병에 효과가 있다.

3) 창포

창포탕은 단오 때 여자들이 머리를 감는 것으로 잘 알려져 있다. 냉증·저혈압·견비통·신경통 등에 효과가 있다.

4) 고추나물

땀띠·피부 상처에 좋다.

5) 뇌향국화

가을에 꽃이 피었을 때 지상부 전체를 베어 말려두었다가 쓴다. 요통·냉증·신경통에 효과가 있다.

6) 칡

칡덩굴을 걷어서 말린 것을 쓰면 신경통에 효과가 있다.

7) 달개비

옹근 풀을 채취해서 쓴다. 땀띠·가려움증·피부 상처 등에 효과
가 있다.

8) 약모밀

땀띠와 냉증에 효과가 있다.

9)   인동 덩굴

치질·요통·땀띠·피부염 등 피부질환에 좋다.

10)   차조기

냉증·신경통·근육통·요통 등에 효과가 있다.

11)   이질풀

생잎을 50g 정도 자루에 넣어서 온탕에 담가, 그 물에 목욕을 한다. 피부에 탄력을 주고, 습진과 미용에 효과가 있다.

12)   예덕나무

땀띠에 효과가 있다.

13) 적송

솔잎탕은 예로부터 많이 쓰인 탕이며, 냉증·빈혈증에 효과가 있다.

14) 박하

여름에 잎을 따서 말려두었다가 겨울에 약탕(藥湯)으로 쓰는데, 몸에 온기가 돌고 신경통·타박상·근육통 등에 좋다.

15) 병꽃나무

모세혈관의 작용을 원활하게 해서 혈액순환이 잘 되고, 냉증·저혈압·빈혈 등에 효과가 있다.

7. 구급약

등산을 하거나 들에서 작업을 하던 도중 가끔 부상을 당하거나 갑자기 몸이 불편해지는 경우가 있다. 그럴 때 약초에 대한 지식이 있다면, 쉽게 산야초 가운데서 필요한 약초를 찾아 응급치료를 할 수 있다.

1) 칼에 베었을 때

칼이나 낫 등에 베었거나 어떤 물체에 다쳐서 상처가 났을 때 치료하는 방법을 알아보자.

① 삼나무 껍질
밭둑이나 개울가에 자생하는 삼나무 껍질을 벗겨서 상처에 붙이거나 감으면 덧나지 않고 속히 낫는다.

② 참나무 재
참나무 가지를 태워서 재를 낸 다음, 그 재에다 아무 기름이나 넣고 반죽해서 고약처럼 만들어 상처에 바르면 지혈이 되고 통증이 멎는다.

③ 백선 뿌리껍질
말린 백선 뿌리껍질을 상처에 붙이면 지혈이 되고 통증이 멎는다.

④ 다섯 가지의 풀
상처가 나서 피가 나올 때는 아무 풀이든지 다섯 가지를 뜯어서
함께 짓찧어 상처에 붙이면 지혈이 되고 통증이 멎는다.

 ※ 다섯 가지 풀 가운데도 조뱅이, 엉겅퀴, 호박 잎, 깜도라지 등은 지혈작용과 소염작
용이 강한 풀들이므로 가급적 이들 풀을 골라서 쓰면 더욱 좋다.

⑤ 새모래덩굴(산두근)
새모래덩굴은 산이나 산기슭에 자생하는 덩굴식물이다. 상처 주위
가 붉어지면서 통증이 심할 때 새모래덩굴 잎을 뜯어다가 즙이 나올
때까지 짓찧어 상처에 붙이면, 통증이 멎으면서 지혈이 된다.

⑥ 더덕
더덕은 가까이 가
면 강한 향내가 난
다. 갑자기 상처가
났을 때, 더덕을 깨
끗이 씻어서 짓찧어
상처에 붙이면 통증
이 멎고 지혈이 되며
쉽게 아문다.

⑦ 뽕나무 가지
적당한 크기의 뽕나무 가지를 잘라서 짓찧어 즙을 내어서 상처에
붙인다. 또는 뽕나무 가지를 연필만한 길이로 잘라서 불에 타지 않
을 정도로 달구어 따뜻한 끝머리로 상처를 지지기도 하며, 뽕나무
껍질로 상처를 동여매기도 한다.

⑧ 쇠비름

칼이나 낫에 다
쳐서 피가 흐를 때,
쇠비름을 캐어서
흙을 씻어 버리
고 짓찧어 붙
이면 곧 피가
멎고 상처가
낫는다.

⑨ 부추

부추 잎 한 줌에 소금을 조금 넣고 짓찧어서 즙을 상처에 넓적하
게 붙이면 통증이 멎고 지혈이 된다.

⑩ 애기똥풀

애기똥풀의 줄기나 잎을 뜯어 짓찧어 즙을 내어 상처에 바르면 아
픈 것이 멎으면서 지혈이 되고 빨리 낫는다.

⑪ 노루발풀(녹계초)

노루발풀은 야산에는 잘 없고 깊은 산 숲 속에 자라는 풀인데, 높은 산에 등산을 갔다가 갑자기 상처를 입으면, 노루발풀의 줄기를 뜯어다가 즙이 나도록 짓찧어 상처에 붙이면 응급치료가 된다.

⑫ 쑥

쑥의 잎이나 연한 줄기를 뜯어 짓찧어서 즙을 낸다. 이것을 상처에 바르면 응급치료에 효과가 있다.

⑬ 오동나무

다친 상처에서 계속 피가 나고 많이 아프면, 오동나무를 태워서 재를 만들어 그 재를 밥풀에 개서 고약처럼 만들어 상처에 붙인다.

⑭ 금불초

습기 있는 곳에서 많이 나는 금불초의 잎을 뜯어 즙이 나도록 짓찧어서 상처에 붙이면 지혈이 되고 새살이 빨리 살아나며 낫는다.

2) 화상

① 대추나무

대추나무의 껍질을 불에 태워서 가루를 내어 콩기름이나 참기름에 반죽해서 상처에 바르면 화상이 잘 낫고, 또한 껍질을 잘게 썰어서 물을 넣고 오래 달여 조청처럼 되었을 때, 불에 덴 상처에 바르면 화상이 잘 낫는다.

② 호박덩굴

화상을 당했을 때 호박덩굴을 깨끗이 씻어서 짓찧은 즙을 덴 데 하루에 두 번씩 갈아붙이면 잘 낫는다. 6.25 사변 당시 의약품이 모자랐을 때, 민간에서 화상이나 총상을 입었을 때 호박을 상처에 붙여 좋은 효과를 보았다.

③ 뽕잎

서리맞은 뽕잎을 가을에 따서 깨끗이 씻어서 말려두었다가 먹는 김처럼 불에 약간 구어서 가루를 내어 참기름에 개서 화상을 입은 곳에 바른다. 또한 불에 태워 재를 만들어 참기름에 묽게 개서 발라도 효과가 있다. 갑자기 화상을 입었을 때는 응급약으로 잎을 짓찧어서 바르기도 한다.

④ 가지

가지의 잎과 줄기를 깨끗이 씻어서 잘게 썬 다음 물을 세 배 정도 넣고 달인다. 그런 다음 약수건과 같은 엷은 천으로 약을 짜낸 후 찌꺼기를 버리고, 다시 끓여서 엿처럼 될 때까지 달여서 화상의 상처에 바른다.

⑤ 더덕

더덕을 깨끗이 씻은 다음 햇볕에 잘 말려 가루를 내서 불에 덴 곳
에 뿌려 주면 진물이 흐르면서 아픈 데 효과가 있다.

⑥ 싸리

이른봄에 싸리나무를 베어 연필 정도의 크기로 잘라서 한쪽 끝을
잿물에 담가두면 다른 한쪽에서 황갈색의 기름이 나온다. 이 기름을
바르면 좋다.
이 기름은 마른버짐을 고치는 데도 아주 탁월한 효과가 있다.

⑦ 치자

치자를 말리거나 불에 태워 보드랍게 가루를 낸 다음 계란 흰자위
에 개어서 끓는 물이나 불에 덴 상처에 바르면 통증이 멎고 새살이
빨리 돋아난다.

⑧ 메밀

보드라운 메밀
가루를 식초나
물에 개어 화상
의 상처에 붙이
면 화상이 빨리
낫는다.

⑨ 물이끼

고여 있는 물 속에서 자라는 물이끼를 건져다가 짜서 화상의 상처
에 두툼하게 붙이고 붕대로 처매며, 마르지 않도록 계속 갈아붙이면
빨리 치료가 된다.

⑩ 연 잎

화상을 당한 즉시 연 잎을 짓찧어 두툼하게 붙이고 붕대로 처매면,
새살이 빨리 나고 통증이 사라진다.

3) 지네에게 물렸을 때

① 밤

껍질을 벗긴 생밤을 입으로 잘 씹어서 지네에게 물린 자리에 마르지 않을 정도로 자주 갈아붙이면 독이 퍼지지 않고 부기가 가라앉는다.

4) 벌에게 쏘였을 때

① 칡 뿌리

벌이나 독충에게 쏘여서 그 자리가 몹시 붓고 아플 때 소변을 바르면 응급치료가 된다.

독이 퍼져서 속이 답답하면서 몸에 두드러기가 날 때는 생 칡 뿌리를 짓찧어 즙을 내어 한 잔 마시고, 쏘인 부위에는 간장이나 된장을 바르면 효과가 있다.

① 명아주

벌이나 개미 또는 기타 독충에게 물렸을 때, 명아주 잎과 줄기로 쏘인 자리를 문지르거나 짓찧어 붙이면 붓지 않고 곧 낫는다.

또는 명아주 삶은 물에 상처를 담그거나 자주 씻어도 독기가 빠져서 속히 낫는다.

5) 뱀에게 물렸을 때

① 꽈리

산이나 들에 갔다가 뱀에게 물렸을 때 당황하지 말고 물린 자리에 입을 대고 독기를 빨아내고, 꽈리의 줄기·잎·열매 등을 뜯어서 모두 짓찧어서 물린 자리에 두툼하게 붙이고 붕대로 동여맨 후 즉시 병원으로 간다.

② 앵두나무 잎, 오이꽃, 복숭아꽃

봄철에 뱀에게 물리면, 즉시 입으로 상처를 빨아서 독을 빼내고, 앵두나무 잎 5, 오이꽃 4, 복숭아꽃 1의 비율로 섞어서 짓찧은 것을 붙이고, 그 즙을 먹는다. 그리고 속히 사람들의 도움을 받아 병원으로 간다.

③ 봉선화꽃

독이 없는 뱀도 있지만 대부분 독이 있다고 생각하고 상처를 빨아서 독기를 없애고, 흰 봉선화꽃을 짓찧어 물린 자리에 발라준다. 봉선화는 여러 가지 빛이 있는데 붉은 꽃보다 흰 꽃이 더 좋다. 이러한 민간요법은 응급치료에 불과하고 근본적인 치료는 병원으로 가서 해야 한다.

④ 상추

독을 입으로 빨아내고, 상추를 절구에 짓찧어 얇은 천이나 가제에 넓게 펴서 물린 자리에 붙이거나, 또는 즙을 내어 먹기도 한다. 그리고 속히 병원으로 달려간다.

⑤ 소루쟁이

뱀에게 물린 즉시 독을 입으로 빨아낸다. 그러나 입으로 완전히 빨아낼 수 없기 때문에 소루쟁이 뿌리를 캐다가 깨끗이 씻고 짓찧어서 물린 자리에 두툼하게 붙이고, 또한 즙을 내어 마신다. 그리고 사람들의 도움으로 받아 가까운 병원으로 가서 치료를 받는다. 맹독이 있는 독사에게 물리면 생명이 위태로울 수도 있다.

⑥ 뽕나무 뿌리껍질

뽕나무 뿌리를 캐어 깨끗이 씻은 다음 껍질을 벗겨 즙을 받아 뱀에게 물린 자리에 바른다. 즙이 잘 나오지 않을 때는 껍질을 짓찧어 즙을 내서 발라도 응급치료의 효과는 있다.

⑦ 딱지꽃

뱀에게 물리면 독이 온몸에 퍼지지 못하도록 심장과 가까운 자리

를 끈으로 단단히 묶고, 물린 자리의 독을 입으로 빨아낸 다음, 딱지
꽃 열매 80g 정도에 물 300ml를 넣고 달여서 먹는다.

⑧ 쐐기풀

쐐기풀의 잎이나 연한 줄기를 짓찧어서 생즙을 받아 뱀에게 물린
자리에 바르면 독이 퍼지는 것을 막는 데 대단히 효과가 좋다.

⑨ 쇠비름

쇠비름 생것을 짓찧어 물린 자리에 두툼하게 붙이면 좋고, 생즙을
작은 술잔으로 서너 잔 정도 먹으면 뱀의 독이 곧 빠진다고 한다. 이
러한 응급조치를 취한 후 즉시 병원으로 달려간다.

⑩ 도꼬마리 잎

도꼬마리의 연한 잎 한 줌 정도를 짓찧어서 나온 즙을 더운 술 한
잔에 적당히 타 먹고, 찌꺼기는 두툼하게 빚어서 물린 자리에 붙인
다. 마르면 새것으로 갈아붙인다.

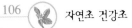

⑪ 토란 잎

뱀에게 물렸거나 독한 벌레에게 쏘였을 때, 토란 잎과 줄기를 뜯어 소금을 조금 넣고 짓찧어 두껍게 자리에 붙이면 효과가 있고, 또는 토란 뿌리를 생으로 먹거나 짓찧어서 상처에 붙여도 응급치료는 된다.

⑫ 아욱

아욱을 짓찧어 즙을 내어 적당히 먹는다. 또는 뿌리를 캐다가 짓찧어서 물린 자리에 두껍게 붙이기도 한다. 아욱에는 해독작용이 있으므로 여러 가지 해충에게 물렸을 때 독을 제거하는 효과가 있다.

여름철 모기가 많은 계절에 아욱국을 끓여 먹으면 모기에 물려 피부가 상하는 것을 막아주기도 한다.

6) 개에게 물렸을 때

① 도꼬마리

야외에 나갔다가 개에게 물리면 개의 독보다도 심리적으로 많이 놀라는데, 일단 마음을 진정하고 심호흡을 한다. 그리고 도꼬마리의

연한 잎으로 즙을 내서 술이나 물을 같은 분량으로 넣고 달인 것을
따뜻하게 해서 하루에 2~3번 소주잔으로 한두 잔씩 먹으며, 즙을
물린 자리에 발라주면 상처가 곧 아문다. 그리고 물린 개를 묶어두
고 광견병균이 없는가를 조사해야 한다.

② 깻잎

심리적으로 놀란 것을 진정하는 것은 위에서 말한 대로이고, 물린
개를 묶어두고 광견병균이 없는가를 조사해야 하는 것도 역시 마찬
가지이다. 그리고 7~9월 사이에 채취한 붉은 깻잎이나 줄기를 짓찧
어 물린 자리에 며칠 동안 계속 갈아붙인다.

③ 아주까리

요즘은 개를 애완용으로 잘 살피고 기르기 때문에 대부분의 개는
예방주사를 맞아서 광견병의 위험이 없지만, 그래도 만약을 생각해

서 할 수 있는 대
비는 다 해야 한다.
　껍질을 벗긴 아
주까리 50알을 갈
아서 고약처럼 만
들어 물린 자리에
붙이는데, 우선 물
린 자리를 끓인 식
염수로 소독한 다
음 붙인다. 그리고
즉시 병원에 가서
의사의 지시를 받
는 것이 좋다.

④ 검정콩

　검정콩을 삶아서 그 물을 하루에
여러 차례에 나누어 자주 마시며,
여러 날 마시는 것이 좋다. 검정
콩은 몸에 대단히 이로운 식품
이므로, 개에게 물리지 않아도
밥에 넣어 자주 먹으면 건강을
위해 매우 좋다.

8. 산야초를 이용한 약주(藥酒)

　산야초는 엄격한 자연 속에서 살아 남기 위해 자기 나름대로의 방
어체제를 갖추고 있다. 벌레에게서 자신의 몸을 보호하려는 본능으
로, 특수한 성분을 갖고 있다. 급변하는 기후조건에 이기기 위해 조

직이 대비체제를 갖춘다.

온실이나 인공으로 약을 주며 기른 나약한 식물과는 달리, 야생초에는 강한 생명력이 넘쳐흐른다. 이와 같이 강한 생명력과 활력이 넘치는 산야초를 이용해서 식품으로 쓰면, 그 생명력이 우리 몸을 강인하게 하고, 또한 오래도록 건강하게 살 수 있게 한다.

그래서 이 장에서는 산야초를 이용해서 만들 수 있는 약술에 대해 알아본다. 약술은 매일 조금씩 마시면 혈액순환을 좋게 하고, 신체 내의 노폐물을 배설하고, 신진대사를 촉진해서 약이 되지만, 과음하면 몸을 다치고 도리어, 건강을 해치는 원인이 된다.

1) 약주 만드는 방법

 재료의 종류와 만드는 목적 또는 만드는 시기에 따라 다소 다를 수 있지만 기본적으로 다음과 같이 하면 된다.

① 재료의 손질

물에 잘 씻은 다음, 용기에 들어갈 수 있게 적당하게 썬다. 작은 열매나 꽃과 같은 것은 그냥 쓰지만 모과라든가 솔 뿌리 같이 큰 것은 잘 우러나게 적당한 크기로 잘라서 쓴다.

② 설탕을 가한다

설탕이나 꿀을 가하는데, 당분을 너무 많이 넣어도 좋지 않고, 너무 적게 넣으면 경우에 따라 썩는 경우도 있다. 그러므로 재료 분량의 약 반이 되도록 넣는 것이 좋다.

③ 술을 붓는다

재료에 따라서는 술을 부어야 하는 것도 있다. 포도나 머루 등은 설탕만 넣어도 약술이 되지만, 솔잎이나 모과 등은 술을 부어야 약 성분이 우러나와 좋은 약술이 된다.

이때 보통 25%의 소주를 쓰면 무난하며, 붓는 양은 재료에 따라 조금씩 다르나 용기의 재료가 잠길 정도로 부으면 좋다.

④ 숙성

직사광선이 들지 않는 서늘한 곳에 보관한다. 빠른 것은 2~3개월 만에 먹는 것도 있지만, 보통은 1년 정도 두면 풍미가 좋은 약주(藥酒)가 된다.

취미로 투명한 고운 용기에 여러 가지 약술을 담가서 진열하는 집도 많이 있다. 그러나 약주를 마실 때는 반드시 한 가지 술을 계속 다 마시고 난 다음에, 약간의 시간을 두었다가 다시 다른 술을 마시는 것이 좋다.

하루에 여러 가지 술을 이것저것 조금씩 맛보며 마시는 것은 아주 위험하다. 약주 속에 들어 있는 성분이 서로 맞지 않을 때는 생명을 잃는 일까지 생길지 모르기 때문이다.

꽃이나 연한 열매를 재료로 약주(藥酒)를 담글 때는 신선도가 떨어지지 않도록 속히 담가야 한다.

과실주는 과육이 많기 때문에 설탕을 많이 넣지 않으면 상할 염려가 있으므로 당분을 많이 넣지만, 뿌리나 줄기·꽃 등에는 설탕을 조금만 넣는 것이 특유한 풍미를 즐기는 데 도움이 된다.

2) 귤 술

- 약효 … 감기, 식욕증진, 피로 회복, 각기
- 재료 … 귤 10개, 소주 1.8ℓ
- 사용부분 … 잘 익은 귤(햇귤로 신선한 것, 깨끗하게 씻음)
- 제조방법 … ① 5개는 둥글게 2쪽 또는 4쪽으로 자른다.

② 5개는 껍질을 벗기고 둥글게 2쪽으로 자른다.

③ 소주를 붓는다(완숙은 2개월 정도 후).

④ 1개월 뒤, 향과 쓴맛이 지나치면 껍질 있는 귤은 건져내어 즙을 짜내고 찌꺼기는 버린다.

3) 배 술

- 약효…천식, 소화촉진, 고기 요리에 자극 완화
- 재료…용기에 맞게 적당량, 배와 같은 양의 소주 또는 3배의 소주

- 사용부분… 잘 익은 배(흠집이나 벌레 먹은 것이 없는 배)
- 제조방법… ① 과실을 4등분해서 용기에 넣고, 술을 부어 밀봉한다.
② 서늘한 곳에 3개월 저장한 후 찌꺼기를 채로 거른다.
③ 신맛을 없애려면, 속과 껍질을 벗겨서 사용한다.
- 마실 때… 꿀이나 설탕을 가미한다.

4) 선인장 술

- 약효 … 늑막염에 특효약
- 재료 … 선인장, 소주는 선인장의 3배
- 사용부분 … 선인장의 몸체
- 제조방법 … ① 2cm의 길이로 용기에 넣고, 소주를 부어 서늘한
  곳에 2개월 정도 둔다.
  ② 그 후는 체로 받쳐낸 후 저장한다.
- 마실 때 … 기호에 따라 감미료를 첨가하고, 향기로운 과실주와
  칵테일한다.

5) 베고니아 술

- 약효 … 제독, 거담, 기침, 피로회복, 식욕증진, 건위, 정장
- 재료 … 꽃봉오리, 소주는 재료의 3배
- 사용부분 … 꽃(꽃봉오리가 다 피기 전에 꺾어서 사용)

- 제조방법 … ① 꽃을 용기에 넣는다.
  ② 꽃의 3배 정도의 소주를 붓는다.
  ③ 서늘한 곳에서 약 1개월 정도 저장한다.
- 마실 때 … 기호에 따라 감미료를 첨가하고, 과실주와 칵테일해서
  마신다.

6) 도라지 술

- 약효 … 진해, 거담
- 재료 … 도라지 600g, 소주 1.8 *l*
- 사용부분 … 뿌리(말린 것도 좋음)
- 제조방법 … ① 3㎝ 정도로 잘라서 용기에 넣고 소주를 붓는다.
  ② 밀봉해서 서늘한 곳에 3~6개월 정도 둔다.
- 마실 때 … 꿀이나 설탕을 가미해서 마신다.

7) 쑥 술

- 약효 ⋯ 지혈, 강장, 이뇨, 건위, 장장, 식욕증진, 진정
- 재료 ⋯ 5월 전후에 채취한 쑥 적당량, 소주는 쑥의 3배
- 사용부분 ⋯ 잎, 꽃(꽃과 같이 쓸 때는 가을에 채취), 쑥대
- 제조방법 ⋯ ① 5~10cm로 잘라서 거즈 주머니에 재료를 넣고 술을 붓는다.
  ② 밀봉해서 어둡고 서늘한 곳에 저장한다.
  ③ 술빛이 갈색이 되면 쑥주머니를 꺼낸다.
- 마실 때 ⋯ 꿀이나 설탕을 가미하고, 과실주와 칵테일해서 마신다.

8) 진달래 술

- 약효 ⋯ 천식, 신경통
- 재료 ⋯ 진달래꽃, 소주는 진달래꽃의 3배

- 사용부분 … 꽃
- 제조방법 … ① 밀봉해서 3개월 동안 냉암소에서 저장한다.
  ② 체에 받쳐서 저장한다.
  ③ 감미료를 넣어도 좋다.
- 주의 … 독성이 있으니 요주의!
- 마실 때 … 설탕이나 꿀을 첨가한다.

9) 산초 술

- 약효 … 신경통, 안청, 건위, 식용증진, 지사제, 불면증, 더위먹은 데
- 재료 … 산초, 소주는 산초의 3배
- 사용부분 … 잔가지, 잎, 꽃, 열매, 굵은 가지는 껍질만 사용
- 제조방법 … ① 이상의 재료에 술을 붓는다.
  ② 밀봉해서 서늘한 곳에 약 3개월 정도 저장한다(냉암소).
- 마실 때 … 설탕이나 꿀을 첨가하고 청량음료와 칵테일한다.

10) 칡 술

- 약효 … 신경통, 지혈, 구토, 초기 감기, 발한, 해열, 정장
- 재료 … 칡 1kg, 소주 3~6l
- 사용부분 … 뿌리
- 제조방법 … ① 밀봉해서 3개월가량 저장한다.
  ② 3개월 뒤 체로 걸러서 다시 소주를 조금 부어 저장하면 좋다.
- 마실 때 … 모과주나 매실주를 가미하면 더 좋다.

11) 치자 술

- 약효 … 강경변, 피로회복, 건위, 이뇨, 정장, 해열, 식욕증진
- 재료 … 열매나 꽃 500g, 소주는 1.8 l 정도
- 사용부분 … 활짝 핀 꽃, 완숙한 열매
- 제조방법 … ① 밀봉해서 서늘한 곳에 저장한다.
  ② 꽃은 2개월, 열매는 4개월 저장한 다음 체로 받쳐서 다시 저장한다.

12) 인동 술

- 약효 … 정혈, 해독, 급만성신장염, 방광염, 이뇨, 건위
- 재료 … 인동 꽃 100g, 줄기・잎 100g, 소주는 1.8 l
- 사용부분 … 인동 꽃, 줄기, 잎(말린 것)
- 제조방법 … ① 이상의 재료를 병에 넣는다.

② 밀봉하여 암냉소에 2개월 동안 저장한다.

③ 체에 걸러서 다시 저장하며 복용한다.

• 마실 때 … 꿀이나 설탕을 가미하여 마신다.

13) 천문동 술

• 약효 … 이뇨, 호흡기 건강, 각혈, 피로회복, 식욕증진, 정신안정, 안면

• 재료 … 천문동(天門冬), 소주는 천문동의 5배

• 사용부분 … 뿌리

• 제조방법 … ① 이상의 재료를 병에 넣는다.

② 밀봉해서 100일가량 서늘한 곳에 둔다.

③ 중년 이후 사람들에게 좋다.

• 마실 때 … 꿀이나 설탕을 가미하여 마신다.

14) 회향(茴香) 술

- 약효 … 진해, 건위, 감기
- 재료 … 회향 200g, 소주 1.8*l*
- 사용부분 … 말린 회양 생약
- 제조방법 … ① 이상의 재료를 함께 병에 넣는다.
  ② 서늘한 곳에 1~2개월간 저장한다.
  ③ 체에 받쳐 꿀 300g을 가미, 흔들어서 다시 저장한다.
  ④ 수시로 복용한다.

15) 민들레 술

- 약효 … 강장, 건위, 정장, 해열, 이뇨, 진정, 식욕증진
- 재료 … 민들레 꽃, 소주는 민들레 꽃의 3배
- 사용부분 … 꽃, 뿌리

• 제조방법 … ① 이상의 재료를 함께 병에 넣는다.
② 밀봉하여 서늘한 곳에 2개월가량 저장한다.
③ 체에 받쳐서 다시 저장한다.
④ 수시로 복용한다.

16) 계피(桂皮) 술

• 약효 … 식욕증진, 건위, 정장, 해열, 진통, 초기 감기
• 재료 … 육계(肉桂) 또는 계피(桂皮) 100g, 소주 1.8 l
• 사용부분 … 육계(肉桂) 또는 계피(桂皮) 생약
• 제조방법 … ① 계피를 용기에 들어가기 좋게 자른다.
② 이상의 재료를 함께 병에 넣는다.
③ 밀봉해서 서늘한 곳에 2개월가량 저장한다.
• 마실 때 … 과실주나 양주를 가미하여 마신다.

17) 용담 술

• 약효 … 건위, 정장, 구충, 식은땀
• 재료 … 용담 생약 100g, 소주 1.8 l, 설탕 300g
• 사용부분 … 뿌리
• 제조방법 … ① 이상의 재료를 함께 병에 넣는다.

② 밀봉해서 서늘한 곳에 2개월 정도 둔다.
③ 체로 걸러 설탕을 조금 타서 다시 저장하며 수시로 복용한다.

18) 더덕 술

- 약효 … 강장, 정장, 거담, 폐, 신장 보강
- 재료 … 더덕, 소주는 싱싱한 더덕에는 3배, 말린 더덕에는 5배
- 사용부분 … 뿌리
- 제조방법 … ① 이상의 재료를 함께 병에 넣는다.
   ② 밀봉해서 냉암소에 6개월가량 둔다.
- 마실 때 … 설탕이나 꿀을 약간 가미한다.

19) 삽주 술

- 약효 … 건위, 구충, 소화불량, 간정, 발한, 해열, 신경통, 소화불량, 당뇨, 두통, 이뇨
- 재료 … 삽주, 소주는 삽주의 5배
- 사용부분 … 뿌리
- 제조방법 … ① 이상의 재료를 함께 병에 넣는다.
   ② 밀봉해서 암냉소에 3개월가량 저장한다.

20) 오수유 술

- 약효 ··· 구충, 피로회복, 설사
- 재료 ··· 오수유 1kg, 소주 1.8*l*
- 사용부분 ··· 성숙한 열매
- 제조방법 ··· ① 이상의 재료를 함께 병에 넣는다.
  ② 밀봉해서 서늘한 곳에 6개월가량 둔다.
  ③ 체에 받쳐서 다시 저장하며 수시로 복용한다.
- 마실 때 ··· 매실주와 칵테일해도 좋다.

21) 박하 술

- 약효 ··· 건위, 감기, 진정, 두통, 식욕증진, 피로회복
- 재료 ··· 박하 잎, 잎줄기, 소주는 박하의 3배
- 사용부분 ··· 잎, 줄기
- 제조방법 ··· ① 박하를 거즈 주머니에 넣어서 용기에 넣고 술을 붓는다.
  ② 밀봉해서 서늘한 곳에 2개월 정도 둔다.
  ③ 박하 주머니를 꺼내 짜낸 후 제거한다.
  ④ 다시 저장하여 수시로 복용한다.

22) 등꽃 술

- 약효 ··· 위암, 피로회복, 최면, 진정, 식욕증진, 통증
- 재료 ··· 등꽃, 소주는 등꽃의 2배

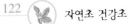

• 사용부분 … 꽃
• 제조방법 … ① 이상의 재료를 함께 병에 넣는다.
  ② 밀봉해서 냉암소에 1개월가량 저장한다.
  ③ 체로 받쳐서 다시 저장하며 수시로 복용한다.

23) 생강 술

• 약효 … 진통, 해독
• 재료 … 생강 500g, 소주 1.8 l
• 사용부분 … 뿌리
• 제조방법 … ① 생강은 흙을 털고 깨끗한 물로 잘 씻는다.
  ② 이상의 재료를 함께 병에 넣는다.
  ③ 밀봉해서 서늘한 곳에 2개월가량 둔다.

• 마실 때 … 과실주와 칵테일해도 좋다.

24) 원지, 오미자, 대추 술

• 약효 … 신비의 강정주, 칠비주(七秘酒)
• 재료 … 생약 원지 300g, 꿀 200g, 오미자 30g, 대추 40g, 소주 1.8 l
• 제조방법 … ① 이상의 재료를 함께 병에 넣는다.
  ② 밀봉해서 냉암소에 2개월가량 보관한다.
• 마실 때 … 1일 1회 20~30cc 정도 마신다.

25) 규나, 석곡, 청상자 술

- 약효 … 신비의 강정주, 칠비주(七秘酒)
- 재료 … 규나피 10g, 석곡 50g, 청상자 40g, 꿀 200g, 소주 1.8ℓ
- 제조방법 … ① 이상의 재료를 함께 병에 넣는다.
  ② 밀봉해서 냉암소에 2개월가량 저장한다.
- 마실 때 … 1일 1회 20~30cc 정도 마신다.

26) 우향(우슬), 연육 술

- 약효 … 신비의 강정주, 칠비주(七秘酒)
- 재료 … 향부자 30g, 우슬 30g, 연육 40g, 꿀 200g, 소주 1.8ℓ
- 제조방법 … ① 이상의 재료를 함께 병에 넣는다.
  ② 밀봉해서 냉암소에 2개월가량 저장한다.
- 마실 때 … 1일 1회 20~30cc 정도 마신다.

27) 수유, 황궁 술

- 약효 … 신비의 강정주, 칠비주(七秘酒)
- 재료 … 산수유 30g, 청궁 20g, 지황(생지황, 건지황 다 좋음) 40g, 꿀 200g, 소주 1.8ℓ
- 제조방법 … ① 이상의 재료를 함께 병에 넣는다.
  ② 밀봉해서 냉암소에 1개월가량 저장한다.
  ③ 체에 받쳐서 다시 저장하며 수시로 복용한다.
- 마실 때 … 1일 1회 20~30cc 정도 마신다.

28) 하수오, 용향 술

- 약효 … 신비의 강정주, 칠비주(七秘酒)
- 재료 … 하수오 500g, 용안육 50g, 정향 10g, 꿀 200g, 소주 1.8ℓ
- 제조방법 … ① 이상의 재료를 함께 병에 넣는다.
  ② 밀봉해서 냉암소에 2개월가량 저장한다.
  ③ 체에 받쳐서 다시 저장하며 수시로 복용한다.
- 마실 때 … 1일 1회 20~30cc 정도 마신다.

29) 오가피, 황령, 만형 술

- 약효 … 신비의 강정주, 칠비주(七秘酒)
- 재료 … 오가피 30g, 황령 40g, 만형자 40g, 꿀 200g, 소주 1.8ℓ
- 제조방법 … ① 이상의 재료를 함께 병에 넣는다.
  ② 냉암소에 1개월가량 둔다.
  ③ 생약을 꼭 짜서 걸러내고 다시 20일가량 저장한다.
  ④ 수시로 복용한다.
- 마실 때 … 1일 1회 20~30cc 정도 마신다.

30) 선녀비 술

- 약효 … 신비의 강정주, 칠비주(七秘酒)
- 재료 … 음향곽(삼지구엽초) 20g, 여정자 20g, 질이자 20g, 소주 1.8ℓ
- 제조방법 … ① 이상의 재료를 함께 병에 넣는다.
  ② 냉암소에 2개월가량 저장한다.
  ③ 생약을 꼭 짜서 걸러내고 저장하며 수시로 복용한다.
- 마실 때 … 1일 1회 20~30cc 정도 마신다.

31) 국화 술

- 약효 … 불로장생, 두통, 복통, 진정, 해열, 식욕증진, 건위, 정장
- 재료 … 국화 꽃, 소주는 국화 꽃의 3배
- 사용부분 … 꽃잎
- 제조방법 … ① 이상의 재료를 함께 병에 넣는다.
  ② 밀봉해서 암냉소에 2개월가량 저장한다.
  ③ 체에 받쳐서 다시 저장하며 복용한다.
- 마실 때 … 과실주와 칵테일해서 마신다.

32) 꼭두서니 술

- 약효 … 간장, 강정, 해열, 이뇨, 월경불순, 병·산후회복, 감기, 신체허약
- 재료 … 꼭두서니, 소주는 꼭두서니의 5배
- 사용부분 … 뿌리(그늘에서 말린 것)

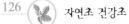

• 제조방법 … ① 이상의 재료를 함께 병에 넣는다.
② 밀봉해서 암냉소에 2개월가량 둔다.

33) 창포 술

• 약효 … 강정, 식욕증진, 건위, 진정, 피로회복
• 재료 … 창포, 소주는 3배
• 사용부분 … 푸른 잎
• 제조방법 … ① 잎을 약 30cm 정도로 자른다.
② 병에 넣는다.
③ 냉암소에 3개월가량 둔다.
④ 체로 잎을 걸러내고 다시 저장한다.
• 마실 때 … 1일 1회 20~30cc 정도 마신다.
• 주의 … 독성이 있으므로 많이 마시면 구토가 난다.

34) 오미자 술

• 약효 … 정력보강, 체력증강, 피로회복, 눈을 밝게 함
• 재료 … 오미자 300g, 소주 1.8 *l*
• 사용부분 … 열매
• 제조방법 … ① 이상의 재료를 함께 병에 넣는다.
② 밀봉해서 암냉소에 3개월가량 저장한다.
③ 체에 받쳐서 거른 다음, 꿀을 가미해서 다시 저장한다.
• 마실 때 … 수시로 기호에 따라 조금씩 마신다.

35) 구기자 술

- 약효 … 불로장생, 보신, 피
  로회복, 건위, 정장, 불면,
  고혈압, 저혈압
- 재료 … 생구기자 400g(건 구
  기자 200g), 소주 3.6ℓ,
  대추 200g, 생강 200g, 설
  탕 300g
- 사용부분 … 열매
- 제조방법 … ① 이상의 재료
  를 함께 병에 넣는다.
  ② 밀봉해서 암냉소에 3개
  월가량 둔다.
- 마실 때 … 설탕이나 꿀을 가미하여 마신다.

36) 나무딸기 술

- 약효 … 정력보강, 신폐보강

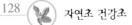

• 재료 … 나무딸기 1200g, 설탕 800g, 소주 3.6 *l*
• 사용부분 … 잘 익은 열매(6월 중, 진주산이 좋음)
• 제조방법 … ① 설탕은 소주에 녹여서 붓는다.
  ② 이상의 재료를 함께 병에 넣는다.
  ③ 밀봉해서 냉암소에 3개월가량 둔다.
  ④ 체로 받쳐서 저장하며 수시로 복용한다.
• 비고 … 성분 : 칼슘, 알칼리성 구연산, 단백질, 지방, 당분, 비타민

37) 하수오 술

• 약효 … 강장, 강정, 노쇠, 무기력증, 상습 변비
• 재료 … 적·백 하수오 300g, 소주 1.8 *l*
• 사용부분 … 뿌리(적, 백 반반씩 사용)
• 제조방법 … ① 이상의 재료를 함께 병에 넣는다.
  ② 밀봉해서 암냉소에 4개월가량 둔다.
  ③ 체로 받쳐서 보관하며 수시로 복용한다.

38) 육종용 술

• 약효 … 강정, 지혈, 해열, 감기, 방광염
• 재료 … 육종용, 소주는 육종용의 5배
• 사용부분 … 뿌리, 줄기, 전초(全草)
• 제조방법 … ① 이상의 재료를 함께 병에 넣는다.
  ② 밀봉해서 암냉소에 2개월가량 둔다.
• 마실 때 … 양주나 과실주와 칵테일해서 마신다.

39)   인삼 술

- 약효 … 강장, 보혈, 증혈, 진통, 병후회복, 피로회복, 무기력증
- 재료 … 수삼(20cm면 1뿌리, 15cm면 2뿌리), 소주 1.8 *l*
- 사용부분 … 뿌리
- 제조방법 … ① 이상의 재료를 함께 병에 넣는다.
  ② 밀봉해서 1년가량 보관한다.
- 마실 때 … 수시로 조금씩 마신다.

40)   오가피 술

- 약효 … 정력쇠퇴, 신경쇠약, 빈혈, 건위, 정장, 해열, 병후회복
- 재료 … 오가피, 소주는 오가피의 3배
- 사용부분 … 잎과 가지
- 제조방법 … ① 이상의 재료를 함께 병에 넣는다.
  ② 밀봉해서 3개월가량 둔다.
  ③ 오래 둘수록 좋다.

41)   산수유 술

- 약효 … 강정, 노화 방지, 피로회복, 식욕증진, 변비
- 재료 … 산수유, 소주는 산수유의 3배 (건조한 생약일 때는 5~6배)
- 사용부분 … 완숙한 열매

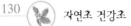

• 제조방법 ⋯ ① 이상의 재료를 함께 병에 넣는다.
  ② 밀봉해서 3개월가량 둔다.
  ③ 체로 걸러서 꿀 300g가량을 가미해서 다시 저장한다.
  ④ 약 10일 뒤부터 수시로 복용한다.
• 마실 때 ⋯ 아침, 저녁 작은 잔으로 1~2잔 복용한다.

42) 황정 술

• 약효 ⋯ 불로장생, 요통, 당뇨병, 정력감퇴, 고혈압, 체력회복, 강정
• 재료 ⋯ 황정 300g, 소주 1.8 l
• 사용부분 ⋯ 황정 생약
• 제조방법 ⋯ ① 이상의 재료를 함께 병에 넣는다.
  ② 밀봉해서 2개월가량 둔다.
• 마실 때 ⋯ 자기 전, 작은 잔으로 1~2잔 정도 마신다.

43) 당귀 술

• 약효 ⋯ 회춘, 강장, 피로회복, 산후회복, 진정, 보혈, 부인병, 식

욕증진
- 재료 … 당귀, 소주는 당귀의 5배
- 사용부분 … 뿌리
- 제조방법 … ① 이상의 재료를 함께 병에 넣는다.
　② 밀봉해서 3개월가량 둔다.
- 마실 때 … 설탕이나 꿀을 첨가하고 다른 술과 칵테일해도 좋다.

44)　삼지구엽 술

- 약효 … 강장, 건망증, 두뇌활동 촉진, 무기력증, 피로회복, 식욕증진, 히스테리
- 재료 … 삼지구엽, 소주는 삼지구엽의 4배
- 사용부분 … 옹근 풀
- 제조방법 … ① 이상의 재료를 함께 병에 넣는다.
　② 밀봉해서 3개월가량 둔다.

- 마실 때 … 설탕이나 꿀을 첨가한다. 하루에 1~2잔 정도 복용한다.

45)　개다래 술

- 약효 … 백발억제, 강정, 강장, 보온, 신경통, 피로회복, 부인병, 강심, 이뇨
- 재료 … 개다래(생약) 500g, 소주 1.8ℓ

- 사용부분 … 열매
- 제조방법 … ① 이상의 재료를 함께 병에 넣는다.
  ② 밀봉해서 3개월가량 둔다.
- 마실 때 … 설탕이나 꿀을 첨가한다. 하루에 1~2잔 정도 복용한다.

46) 다래 술

- 약효 … 보혈, 피로회복, 강장, 강정, 불면증, 건위, 정장, 갈증, 담석중지, 병후회복, 기력증진, 식욕증진, 진통
- 재료 … 다래 1kg, 소주 1.8 *l*
- 사용부분 … 완숙 과실
- 제조방법 … ① 이상의 재료를 함께 병에 넣는다.
  ② 밀봉해서 3개월가량 둔다.
- 마실 때 … 설탕이나 꿀을 첨가한다. 1회 20~30cc 정도 복용한다.

47) 용안육 술

- 약효 … 자양, 강장, 진정, 건망증, 병후쇠약, 빈혈
- 재료 … 가종피 400g(또는 용안육 200g), 소주 1.8 *l*
- 사용부분 … 씨를 그대로 둔 과피
- 제조방법 … ① 이상의 재료를 함께 병에 넣는다.
  ② 밀봉해서 1개월가량 둔다.
- 마실 때 … 1일 1회 20~30cc 정도 복용한다.

48) 마늘 술 (1)

- 약효 … 정력증강, 만병 특효약, 신체조직을 젊게, 신진대사 왕성, 강장, 진정, 정장, 식욕증진, 고혈압 예방, 결핵, 냉증, 불면증,

신경통, 동맥경화
- 재료 … 마늘 300g, 소주 1.8ℓ
- 사용부분 … 속껍질까지 벗긴 마늘
- 제조방법 … ① 이상의 재료를 함께 병에 넣는다.
  ② 밀봉해서 1년 이상 둔다.
- 마실 때 … 1일 1회, 20～30cc(소주잔으로 1잔 정도)씩 마신다.

49) 마늘 술 (2)

- 약효 … 위와 같음
- 재료 … 마늘 400g, 소주 1.8ℓ, 레몬 1개, 자소 잎 10장
- 사용부분 … 마늘은 찜통에서 5～6분 찐 것을 반쪽으로 자른다. 레몬은 껍질을 벗기고 1cm 정도로 잘게 자른다.
- 제조방법 … ① 이상의 재료를 함께 병에 넣는다.
  ② 1개월 후 레몬을 제거한다.
  ③ 3개월 후 자소를 제거한다.
  ④ 서늘한 곳에 보관하면서 복용한다.
- 마실 때 … 1일 1회, 20～30cc 정도 마신다.

50) 마늘 술 (3)

- 약효 … 위와 같음
- 재료 … 마늘 500g, 소주 1.8ℓ, 흑설탕 200g
- 사용부분 … 마늘을 소금물에 1주일 정도 담갔다가 하루쯤 말려서 사용한다.
- 제조방법 … ① 이상의 재료를 함께 병에 넣는다.
  ② 밀봉해서 6개월 정도 둔다.
- 마실 때 … 1일 1회, 20～30cc 정도 마신다.

51) 송이 술

- 약효 … 건강 유지, 향기가 좋음, 혈관 및 자궁수축, 탈항증
- 재료 … 송이버섯, 소주는 송이버섯의 2~3배
- 사용부분 … 송이버섯 반쯤 핀 것(2~3cm로 둥글게 썬다)
- 제조방법 … ① 이상의 재료를 함께 병에 넣는다.
  ② 밀봉해서 보관하고 2개월 정도 지난 후부터 복용한다.
- 마실 때 … 1일 3회, 1회에 20~30cc 정도 마신다.

52) 차(茶) 술

- 약효 … 피로회복, 강장, 이뇨, 강심, 흥분제
- 재료 … 차, 소주는 재료의 4배
- 사용부분 … 연한 잎과 꽃
- 제조방법 … ① 이상의 재료를 함께 병에 넣는다.
  ② 잎일 때는 밀봉해서 1개월 정도부터 복용한다.
  ③ 꽃일 때는 2개월 정도 뒤부터 복용한다.
- 마실 때 … 1회에 20~30cc 정도 마신다.

53) 대추 술

- 약효 … 노화방지, 불면증, 갈증, 식욕증진
- 재료 … 대추, 소주는 마른 대추일 때 5배, 생대추일 때 3배

- 사용부분 … 완숙한 과실
- 제조방법 … ① 이상의 재료를
  함께 병에 넣는다.
  ② 밀봉해서 2개월 정도부터
  복용한다.
- 마실 때 … 소다나 콜라에 혼합
  해서 복용하고 과실주와 칵테
  일해서 마신다.

54) 엉겅퀴 술

- 약효 … 고혈압, 증혈,
  해독, 건위, 해열
- 재료 … 엉겅퀴, 소주
  는 엉겅퀴의 4배
- 사용부분 … 꽃과 줄기,
  뿌리를 반씩 혼합
- 제조방법 … ① 이상의
  재료를 함께 병에
  넣는다.
  ② 밀봉해서 2개월 정
  도 되면 체로 걸러
  서 다시 보관한다.
- 마실 때 … 1일 2회, 1회에 20~30cc 정도 마신다.

55) 감잎 술

- 약효 … 고혈앞, 당뇨, 빈혈, 괴혈병, 동백경화증, 백내장, 만성천
  식, 결핵

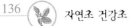

• 재료 … 감잎, 소주는 감잎의 3배
• 사용부분 … 4~6월, 신록의 싱싱한 잎(3~5mm로 잘게 썰어서 사용)
• 제조방법 … ① 이상의 재료를 함께 병에 넣는다.
  ② 밀봉해서 2개월 정도 되면 체로 걸러서 다시 보관한다.
  ③ 수시로 복용한다.
• 마실 때 … 1회에 20~30cc(소주잔으로 1잔 정도)

56) 제비꽃 술

• 약효 … 고혈압, 부인과 질환, 감기, 진정, 최면, 건위, 정장, 부종
• 재료 … 제비꽃, 소주는 제비꽃의 4배
• 사용부분 … 만개한 꽃
• 제조방법 … ① 이상의 재료를 함께 병에 넣는다.
  ② 밀봉해서 1개월 정도 되면 체로 걸러서 다시 보관한다.

57)   회화나무 술

- 약효 … 고혈압, 혈압강화, 청량성 건위 정강제, 지혈, 두통, 진정, 피로회복, 변비, 해열, 황달
- 재료 … 회화 꽃, 소주는 재료의 4배
- 사용부분 … 반개한 꽃
- 제조방법 … ① 이상의 재료를 함께 병에 넣는다.
  ② 밀봉해서 2개월 정도 되면 체로 걸러서 다시 보관한다.

58)   비자 술

- 약효 … 고혈압, 혈압강화, 강장, 이뇨, 피로회복, 제암작용
- 재료 … 비자 열매 500g, 소주 1.8 l
- 사용부분 … 완숙한 과실
- 제조방법 … ① 이상 재료를 함께 병에 넣는다.

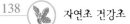

② 밀봉해서 4개월 정도 냉암소에서 저장한다.
• 마실 때 … 과실주, 소다, 콜라 등과 칵테일한다. 1회에 20~30cc 정도 마신다.

59) 솔방울 술

• 약효 … 고혈압, 신경통, 위장병, 중풍, 류머티즘, 천식, 강장제
• 재료 … 솔방울 1kg, 소주 3.6ℓ
• 사용부분 … 녹색의 어린 솔방울
• 제조방법 … ① 이상의 재료를 함께 병에 넣는다.
  ② 밀봉해서 6개월 정도 냉암소에 둔다.
• 마실 때 … 1일 2회, 1회에 20~30cc 정도 마신다.

60) 솔잎 술

• 약효 … 고혈압, 신경통, 위장병, 중풍, 류머티즘, 천식, 강장제
• 재료 … 솔입 8홉, 물 1.2ℓ, 설탕 100g
• 사용부분 … 녹색의 깨끗한 솔잎(솔잎 혹파리 예방약을 투약하지 않은 솔잎)
• 제조방법 … ① 2ℓ 들이 병에 솔잎(1cm 정도로 자른 것)을 80% 정도 다져서

넣는다.

② 물 1.2ℓ에 설탕 300g을 녹여서 병에 붓는다.

③ 밀봉해서 냉암소에 보관한다.

④ 겨울에는 하루 1시간 정도 햇빛을 쪼이고 다시 냉암소에 보관한다.

⑤ 약 6개월 정도 이렇게 한다.

• 마실 때 … 1일 2회, 1회에 20~30cc 정도 마신다.

61) 표고 술

• 약효 … 고혈압, 암예방, 신장염, 담석증, 위장장애, 구루병, 허약 체질, 식도암

• 재료 … 마른 표고 4~5개, 소주 1.8ℓ, 얼음사탕 100g

• 사용부분 … 마른 표고

- 제조방법 … ① 표고를 병에 넣는다.
  ② 얼음사탕을 술에 녹여서 병에 붓는다.
  ③ 밀봉해서 냉암소에 4개월 정도 둔다.
- 마실 때 … 고혈압으로 금주된 사람도 이 술은 마실 수 있다고 한다. 1일 2회, 1회에 20~30cc 정도 마신다.

62) 난(蘭) 술

- 약효 … 정신안정, 강장, 건위, 해열
- 재료 … 난꽃, 소주는 난꽃의 3배

- 사용부분 … 꽃
- 제조방법 … ① 이상의 재료를 함께 병에 넣는다.
  ② 밀봉해서 2개월 정도 냉암소에 둔다.
- 마실 때 … 1일 2회, 1회에 20~30cc 정도 마신다.

63) 원추리 술

- 약효 … 불면증, 정신안정, 이뇨, 강장, 해열, 진정, 인후증
- 재료 … 원추리 꽃, 소주는 재료의 3배
- 사용부분 … 꽃, 꽃봉오리(수술 제거)
- 제조방법 … ① 이상의 재료를 함께 병에 넣는다.
  ② 밀봉해서 1개월 정도 냉암소에 둔다.
  ③ 체로 꽃을 걸러내고 다시 보관한다.
- 마실 때 … 1일 2회, 1회에 20~30cc 정도 마신다.

64) 결명자 술

- 약효 … 정신안정, 눈을 밝게 함, 빈혈, 간열, 풍열
- 재료 … 결명자 500g, 소주 1.8ℓ
- 사용부분 … 결명자, 결명자 잎
- 제조방법 … ① 이상의 재료를 함께 병에 넣는다.
  ② 밀봉해서 3개월 정도 냉암소에 둔다.
- 마실 때 … 1일 2회, 1회에 20~30cc 정도 마신다.

65) 홍화 술

- 약효 … 고혈압, 부인병, 혈액순환장애, 산전산후, 통경, 진통, 냉증, 두통, 인후통

- 재료… 황화 꽃 100g, 소주 1.8 *l*
- 사용부분… 만개한 꽃
- 제조방법… ① 이상의 재료를 함께 병에 넣는다.
  ② 밀봉해서 2개월 정도 냉암소에 둔다.
  ③ 체로 걸러서 다시 보관하며 복용한다.
- 마실 때… 1일 2회, 1회에 20~30cc 정도 마신다.

66) 찔레 술

- 약효… 이뇨, 신장염, 월경불순, 설사
- 재료… 찔레 열매 1kg, 소주 1.8 *l*
- 사용부분… 잘 익은 열매
- 제조방법… ① 이상 재료를 함께 병에 넣는다.
  ② 밀봉해서 6개월 정도 냉암소에 둔다.
- 마실 때… 꿀이나 설탕을 가미해서 마신다.

67) 비파 술

- 약효 ··· 미용, 식욕증진, 피로회복, 진정, 만성위염, 기침
- 재료 ··· 비파 1kg, 소주 1.8ℓ
- 사용부분 ··· 열매(6월 중순, 반은 껍질째 반은 껍질을 벗기고, 씨앗은 반으로 가른다)
- 제조방법 ··· ① 이상은 재료를 함께 병에 넣는다.
  ② 밀봉해서 3개월 정도 냉암소에 둔다.
  ③ 체로 걸러서 다시 보관하는데, 이때 씨앗을 다시 넣어서 보관한다.
- 마실 때 ··· 1일 2회, 1회에 20~30cc 정도 마신다.

68) 모란 술

- 약효 ··· 부인과 질환의 특효약, 이뇨, 해열, 진통, 정장, 식욕증진,

피로회복
- 재료… 모란꽃, 소주 재료의 3배(목단피는 재료의 5배)
- 사용부분… 만개한 꽃
- 제조방법… ① 이상의 재료를 함께 병에 넣는다.
  ② 밀봉해서 3개월 정도 냉암소에 둔다.
  ③ 체로 걸러서 다시 보관하며 복용한다.
- 마실 때… 1일 2회, 1회에 20~30cc 정도 마신다.

69) 율무 술

- 약효… 피부미용, 위암예방, 물사마귀, 맹장염, 담석, 이뇨, 고혈압, 각기, 신경통, 결핵, 신장염
- 재료… 율무 쌀 300g, 술 1.8ℓ, 대추 200g

- 사용부분 ··· 율무 쌀
- 제조방법 ··· ① 이상의 재료를 함께 병에 넣는다.
  ② 밀봉해서 2개월 정도 냉암소에 둔다.
- 마실 때 ··· 1일 2회, 1회에 20~30cc 정도 마신다.

70) 잣술

- 약효 ··· 피부병, 강장, 혈압강하, 빈혈
- 재료 ··· 잣, 소주는 잣의 4배
- 사용부분 ··· 껍질을 제거한 잣
- 제조방법 ··· ① 이상의 재료를 함께 병에 넣는다.
  ② 밀봉해서 3개월 정도 냉암소에 둔다.
  ③ 체로 걸러서 맑은 술로 만들어서 보관한다.

71) 알로에 술

- 약효 ··· 여드름, 건위, 강장, 변비, 불면증, 신경통, 화상, 무좀, 류머티즘
- 재료 ··· 알로에 잎, 소주는 재료의 2배
- 사용부분 ··· 두꺼운 잎(3cm 정도로 자라서 사용)
- 제조방법 ··· ① 이상 재료를 함께 병에 넣는다.
  ② 밀봉해서 2개월 정도 냉암소에 보관한다.

72) 포도 술 (1)

- 약효 ··· 동맥경화, 심장병, 변비, 월경불순, 감기
- 재료 ··· 포도, 소주는 재료의 2~3배
- 사용부분 ··· 잘 익은 포도

- 제조방법 … ① 이상의 재료를 함께 병에 넣는다.
  ② 냉암소에 3년간 보관한다.
- 마실 때 : 1일 2회, 1회에 20~30cc 정도 마신다.

73) 포도 술 (2)

- 약효 … 위와 같음
- 재료 … 포도 1.2kg, 소주 1.8ℓ, 설탕 800g
- 사용부분 … 잘 익은 포도
- 제조방법 … ① 이상의 재료를 함께 병에 넣는다.
  ② 냉암소에 6개월간 보관한다.
- 마실 때 … 1일 2회, 1회에 20~30cc 정도 마신다.

74) 살구 술

- 약효 … 간 보호, 식욕증
  진, 심장병
- 재료 … 살구 600g, 소
  주 1.8ℓ
- 사용부분 … 살구(80%
  정도 익은 것)
- 제조방법 … ① 이상의
  재료를 함께 병에
  넣는다.
  ② 냉암소에 3~4개월
  간 보관한다.

75) 오디 술

- 약효 ··· 거담제, 백발방지, 변비, 이뇨, 신경통, 고혈압, 자양강장주
- 재료 ··· 오디, 소주 재료의 3배
- 사용부분 ··· 오디, 가지의 내피
- 제조방법 ··· ① 이상의 재료를 함께 병에 넣는다.
  ② 냉암소에 3~4개월간 보관한다.
  ③ 찌꺼기는 걸러내고 꿀을 1/5 정도로 가미해서 보관한다.

76) 복숭아 술

- 약효 ··· 천식, 자궁출혈
- 재료 ··· 큰 복숭아 3개, 소주 1.8 *l*
- 사용부분 ··· 완숙 과실 (2~4쪽으로 가른다)
- 제조방법 ··· ① 이상의 재료를 함께 병에 넣는다.
  ② 밀봉해서 냉암소에 2개월간 저장한다.
  ③ 찌꺼기는 체로 받쳐서 보관한다.
- 마실 때 ··· 소주나 콜라 등과 칵테일해서 마신다.

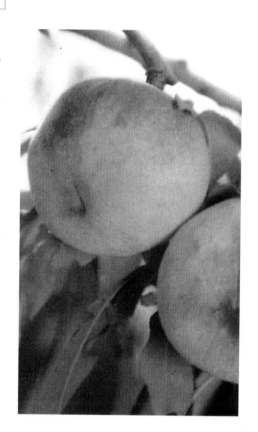

77) 딸기 술

- 약효 ⋯ 피부미용, 피로회복, 식욕증진
- 재료 ⋯ 딸기, 소주는 재료의 3배
- 사용부분 ⋯ 약간 덜 익은 과실
- 제조방법 ⋯ ① 이상의 재료를 함께 병에 넣는다.
  ② 밀봉해서 냉암소에 2개월간 저장한다.
  ③ 찌꺼기는 체로 받쳐서 보관한다.
- 마실 때 ⋯ 기호에 따라 설탕이나 꿀을 첨가하여 마신다.

78) 매실 술 (1)

- 약효 ⋯ 보건주, 피로회복, 더위, 갈증, 식욕증진, 빈혈, 반신불수, 질병예방
- 재료 ⋯ 청매 1.2kg, 소주 1.8ℓ
- 사용부분 ⋯ 익기 전의 신선한 열매
- 제조방법 ⋯ ① 이상의 재료를 함께 병에 넣는다.
  ② 밀봉해서 냉암소에 6개월간 둔다.

- 마실 때 ⋯ 양주나 과실주와 칵테일해서 마신다. 소다수, 콜라 등에 1~2방을 첨가해서 마신다.

79) 매실 술 (2)

- 약효 … 위와 같음
- 재료 … 청매 1.2kg, 소주 1.8ℓ, 솔잎 30개, 설탕 600g
- 사용부분 … 익기 전의 푸른 열매
- 제조방법 … ① 청매, 솔잎, 설탕, 소주의 순으로 넣는다.
  ② 밀봉해서 냉암소에 3개월 정도 저장한다.
- 마실 때 … 양주나 과실주와 칵테일해서 마신다. 소다수, 콜라 등
  에 1~2방울 첨가해서 마신다.

80) 모과 술

- 약효 … 강장, 이뇨,
  만성변혈, 피로회복,
  효소분비촉진, 기침,
  감기, 조혈제
- 재료 … 모과 500g,
  소주 1.8ℓ, 설탕 700g
- 사용부분 … 성숙한
  열매
- 제조방법 … ① 모과
  와 설탕을 한 켜
  씩 놓는다.
  ② 1주일 뒤에 술
  을 붓는다.
  ③ 밀봉해서 냉암
  소에 3~4개월
  둔다.
- 마실 때 … 오디주, 소다수, 콜라와 칵테일해서 마신다.

81) 자두 술

- 약효 … 불면증, 피로회복, 식욕증진
- 재료 … 자두 500~600g, 소주 1.8 *l*
- 사용부분 … 90%쯤 익은 열매
- 제조방법 … ① 이상의 재료를 병에 넣는다.
  ② 밀봉해서 냉암소에 4개월가량 둔다.
- 마실 때 … 다른 과실주, 소다수와 칵테일해서 마신다.

82) 머루 술

- 약효 … 보혈, 이뇨, 병후회복, 간장, 갈증, 식욕증진
- 재료 … 머루 500g, 소주 1.8 *l*
- 사용부분 … 열매
- 제조방법 … ① 이상의 재료를 병에 넣는다.
  ② 밀봉해서 냉암소에 4개월가량 둔다.
  ③ 오래 둘수록 좋다.

83) 사과 술

- 약효 … 변비, 고혈압, 정장, 식욕증진, 피로회복, 피부미용
- 재료 … 사과 3개, 소주 1.8 *l*
- 사용부분 … 부사를 주로 사용(약간 덜 익은 것)
- 제조방법 … ① 이상의 재료를 병에 넣는다.
  ② 밀봉해서 냉암소에 3개

월가량 둔다.

③ 찌꺼기를 체로 받쳐서 걸러내고 다시 보관하여 복용한다.

84) 파인애플 술

- 약효 … 변비, 식욕증진, 피로회복, 정장
- 재료 … 과실 중간 정도 크기 1개, 소주 1.8 *l*
- 사용부분 … 과실 전체(2cm 정도로 자른다)
- 제조방법 … ① 이상의 재료를 병에 넣는다.

  ② 밀봉해서 냉암소에 3개월가량 둔다.
- 마실 때 … 음료수나 다른 과주와 칵테일하거나 설탕, 꿀을 첨가해도 좋다.

85) 유자 술

- 약효 … 류머티즘, 주독, 건위
- 재료 … 유자 5~6개, 소주 1.8 *l*
- 사용부분 … 열매
- 제조방법 … ① 이상의 재료를 함께 병에 넣는다.

  ② 밀봉해서 냉암소에 3개월가량 둔다.

  ③ 체에 받쳐서 맑은 술만 다시 보관하며 복용한다.
- 마실 때 … 꿀이나 설탕을 가미해서 복용해도 좋다.

9. 산야초를 이용한 차(茶)

쉽게 구할 수 있고, 또한 간단하게 가공해서 이용할 수 있는 산야초를 이용한 차는 많은 비타민과 미네랄, 효소, 엽록소 등이 포함되어 있어서, 건강을 지켜주고, 피를 맑게 해주며, 체내의 노폐물을 제거해 주기 때문에 매우 소중하다.

야생의 풀을 뽑아서 차를 만드는 순서는 대략 다음과 같다.

① 채취한 야생초는 흙과 먼지를 깨끗하게 씻고 물기가 없도록 그늘에서 잘 말린다.

② 잘게 썰어서 소쿠리에 담아 햇볕이 잘 들고 통풍이 잘 되는 곳에서 완전히 건조시킨다.

③ 말린 차를 냄비나 프라이팬으로 잘 볶는다. 이때 타지 않도록 약한 불로 천천히 볶는다.

④ 볶은 차를 통이나 비닐봉지에 넣어서 보관한다.

⑤ 마실 때는 봉지에서 조금 꺼내서, 보통의 차를 끓이듯이 잘 끓여서 마신다.

잎이나 줄기를 이용해서 차를 만들 때는 식물이 충분히 자란 늦봄이나 여름이 좋다. 과실을 이용할 때는 과실이 잘 익었을 때를 이용하며, 뿌리를 이용할 때는 가을철 식물이 마르기 직전에 캐는 것이 좋다.

채취한 재료는 영양의 손실을 막기 위해 가급적 빨리 쳐서 가공하는 것이 좋다.

만든 차에는 차 이름이 잘 보이도록 써 붙여서, 다른 것과 섞기지 않도록 해야 한다. 만든 당시에는 무슨 차인지 알 수 있으나, 시간이 지나면 잊어버려 알 수 없기 때문이다.

야생초를 이용한 여러 가지 차가 있으나 그 대표적인 것을 몇 가지 소개한다.

1) 뽕나무 차

- 제조법 ⋯ 가을에 깨끗한 뽕잎을 따서 그늘에서 잘 말린 다음 잘
게 썰어서 건조한 곳에 잘 보관한다.
- 효능 ⋯ 감기, 기침, 거담
- 비고 ⋯ 농약을 치지 않은 산뽕나무 잎을 따서 그늘에서 말린다.

2) 질경이 차

- 제조법 ⋯ 뿌리째 뽑아서 물에 잘 씻은 후 물기를 뺀다. 일차 그
늘에서 말린 다음, 잘게 썰어서 다시 햇볕에 완전히 말린다. 프
라이팬에서 타지 않게 가볍게 볶아서 보관한다.
- 효능 ⋯ 건위, 부인병, 각기, 관절통, 이뇨, 심장병, 천식
- 비고 ⋯ 풀 전체를 차로 쓸 수 있으므로 뿌리까지 잘 캔다.

3) 이질풀 차

- 제조법 ⋯ 잎과 줄기를
뜯어서 물에 잘 씻는
다. 그늘에서 잘 말
린 것을 잘게 썰어서
소쿠리에 담아 양지
에서 완전히 말린 다
음, 프라이팬이나 냄
비에 넣어 볶는다.
- 효능 ⋯ 설사, 변비,
각기, 건위, 정장
- 비고 ⋯ 뿌리도 차로
쓸 수 있다.

4) 삼입석송 차

- 제조법 … 잎과 줄기를 뜯어서 물에 잘 씻는다. 그늘에서 잘 말린 것을 잘게 썰어서 소쿠리에 담아 양지에서 완전히 말린 다음, 프라이팬이나 냄비에 넣어 볶는다.
- 효능 … 이뇨, 해독작용, 치질, 건위
- 비고 … 옹근 풀 모두를 차로 쓸 수 있다.

5) 구기자 차

- 제조법 … 잎과 줄기를 뜯어서 물에 잘 씻는 다. 그늘에서 잘 말린 것을 잘게 썰어서 소쿠리에 담아 양지 에서 완전히 말린 다 음, 프라이팬이나 냄 비에 넣어 볶는다.
- 효능 … 건위, 신장병, 간장병, 강장, 당뇨 병, 강장
- 비고 … 뿌리와 열매도 차로 이용할 수 있다.

6) 산초나무 차

- 제조법 … 산초 잎과 열매를 잘 씻어서 양지에서 완전히 건조시 킨 다음, 볶아서 건조한 곳에 보관한다.
- 효능 … 치통, 치근 보호, 구충작용
- 비고 … 맛이 매우므로, 다른 차와 섞어서 먹어도 좋다.

7) 쑥 차

- 제조법 … 잎과 줄기를 뜯어서 물로 잘 씻은 다음, 잘게 썰어서 양지에서 완전히 말린다. 그리고 볶아서 장기 보관하여 먹는다.
- 효능 … 신경통, 류머티즘, 고혈압, 복통, 천식
- 비고 … 뿌리까지도 차로 쓸 수 있다.

10. 달여서 먹는 산야초 약

야생초 중에 약초를 먹는 법은 여러 가지 방법이 있지만, 그 가운데 달여서 먹는 법도 있다.

약한 불에 천천히 달이면, 약초 속에 들어 있는 성분이 모두 우러나와서 소화 흡수가 잘 되는, 몸에 좋은 약이 된다.

약초를 달여서 사용하기 위해서는 다음과 같이 하는 것이 좋다.

① 채취한 약초를 우선 건조한다.

생초로는 오래 보관할 수 없을 뿐만 아니라, 생초를 달이면 풋내가 나서 먹기도 어렵기 때문에 건조해서 달이는 것이 좋다.

② 약초가 마르기 전에 적당한 크기로 썰어서 건조한다.

뿌리나 줄기 또는 껍질 등이 말라 버리면 너무 딱딱해서 자르기가 힘이 들므로, 완전히 마르기 전에 미리 잘라두는 것이 좋다. 그리고 잘게 썰어서 건조하면 그냥 말리는 것보다 건조도 더 잘 된다.

③ 건조할 때 습기가 많은 곳에 두면 변질되거나 곰팡이가 피는 경우도 있으므로 주의해야 한다.

④ 건조한 약재를 달일 때는 약초 3~10g에 물 약 300~700cc 비율이 일반적이지만, 약초의 특색에 따라 물을 가감할 수 있다.

⑤ 불을 지피기 시작하면 끄지 말고 계속 달여야 한다. 물의 양이 약 반 정도 줄 때까지 기다리는 것이 보통이다.

⑥ 따뜻할 때 약수건으로 짜서, 식기 전에 조금씩 마신다.

⑦ 한번 달일 때 하루분을 달이고, 하루 분은 3회에 나누어 마시며, 과량을 마시지 않아야 한다.

⑧ 약초의 효과는 천천히 지속적으로 나타나는 것이므로, 한두 번 마시고 나서 약효가 없다고 중지하지 말고, 느긋한 마음으로 오래 마시도록 하는 것이 좋다.

11. 산야초의 요리

건강하게 오래 살겠다고 하는 사람들의 욕구에 따라, 몸에 좋은 야생초에 대한 관심도 또한 높아졌다. 관광 버스를 전세 내어 일가 친척 또는 같은 동네 사람들끼리 들이나 산에 나물을 캐러 가는 것을 자주 볼 수 있는데, 야외에 나가서 활동을 하니 운동이 되어 좋고, 또한 자연과 접할 수 있어서 좋고, 소득으로 몸에 좋은 자연식품을 얻어서 좋으니, 일석이조가 아니라 일석삼조, 일석사조일지도 모른다.

뜯어온 산나물을 어떻게 먹는 것이 가장 좋은지, 민속요리에 일가견이 있는 안동소주의 조옥화 여사의 도움으로 그 조리법을 몇 가지 소개한다.

1) 국

국을 끓여서 먹는 방법은 오래 전부터 전해오는 가장 보편적인 조리법의 하나이며, 우리 조상들이 많이 해온 방법이다.

• 재료 … 쑥, 냉이, 버섯, 토란, 호박 등등.

• 조리법
① 간장 또는 소금을 조금 넣고 함께 끓인다.
② 버섯국에는 쇠고기나 돼지고기를 넣으면 맛이 더욱 좋다.
③ 냉이국에는 콩가루를 묻혀서 끓이면 맛이 일품이다.

2) 무침

대부분의 산나물은 무침요리를 해서 먹을 수 있다. 쓴맛이 나는 것은 하루쯤 물에 담가 쓴맛을 뺀 다음에 된장, 고추장 등에 무쳐서 먹으면 된다.

• 재료 … 달래, 고사리, 취나물, 도라지, 두릅, 옥잠화, 개탑꽃, 반디나물, 으름 등등.

• 조리법

① 소금을 약간 넣은 물로 삶는다.

② 적당히 삶아지면 곧 건져서 냉수에 담근다.

③ 물기를 짜고, 된장이나 고추장 또는 양념 간장으로 무쳐서 먹는다.

④ 단백한 맛을 내기 위해서는 참기름을 너무 많이 치지 않는다.

3) 찌개

대부분의 산야초도 된장이나 고추장을 풀어 찌개를 끓여서 먹을 수 있다.

• 재료 … 냉이, 버섯, 고사리, 두릅 등등.

• 조리법

① 쇠고기나 돼지고기를 조금 넣고 함께 끓이면 맛이 더 좋다.

② 고춧가루를 너무 많이 넣으면 산채 특유의 풍미가 사라진다.

4) 튀김

대부분의 산야초는 튀기면 다 맛이 좋은 요리가 된다. 줄기가 단단한 것도 그대로 튀겨도 맛있게 먹을 수 있다.

- 재료… 냉이, 버섯, 두릅, 개탑꽃, 땅두릅, 청나래고사리, 고사리, 취나물 등등.

• 조리법

① 밀가루나 튀김가루를 약간 되게 반죽한다.

② 재료에 묻혀 보통보다 약 5~ 10c° 낮은 기름에 튀기면, 신선 한 산채의 푸른색이 그대로 살 아난 산뜻한 맛과 색을 지닌 요 리가 된다.

5) 생채를 쌈으로 먹기

맛이 순한 야생초를 쌈으로 먹거나 장에 찍어서 날로 먹을 수도 있다.

• 재료 … 취나물, 컴푸리, 송이 등등.

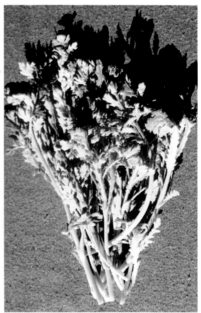

• 조리법
  ① 물에 깨끗이 씻어서 물기를 빼고 배추나 상추와 함께 먹으면 좋다.
  ② 쌈장에 갖은 양념을 다 해서 맛있게 만들어야 한다.

6) 묵

묵은 우리 나라 특유의 요리법이다.
• 재료 … 도토리, 메밀, 녹두 등.
• 조리법
  ① 도토리를 잘 말려서 가루로 만들어, 습기가 없고 통풍이 잘 되는 곳에 보관한다.
  ② 필요할 때 가루를 조금씩 꺼내 묵을 쑤어 먹는다.

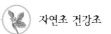

7)	떡

요즘의 어린이들은 밀가루로 만든 빵은 잘 먹어도 떡은 잘 먹지 않는다. 그렇지만 산야초를 이용해 맛있는 떡을 만들어 먹는다면 몸에도 좋고 또한 경제적이기도 하다. 산야초를 쌀과 반죽해서 떡을 만들어 먹을 수도 있고, 떡 속에 산야초의 열매를 넣어서 맛이 좋은 떡을 만들어 먹을 수도 있다.

- 재료… 쑥, 취나물, 대추, 밤, 산딸기, 산머루
- 조리법
   ① 쑥과 취나물은 쌀과 함께 빻아서 떡을 만든다.
   ② 산딸기, 산머루는 떡 속에 넣어서 함께 찐다.

12. 산야초 채취를 위한 복장

산야초를 채취하러 간다고 어떤 특별한 준비가 필요한 것은 아니지만, 보통의 들놀이와는 조금 다르다는 것은 사실이다.

경우에 따라서는 개울도 건너고 숲 속을 헤매야 되고, 벼랑을 기어올라가야 될지도 모른다. 거미나 벌레에게 물리기도 하고, 뱀이나 지네를 만날지도 모른다. 그래서 그럴 경우에 대비한 복장이 필요한 것이다.

약초를 캐는 것을 직업으로 하는 사람이나, 산나물을 캐서 파는 것을 부업으로 하는 사람들은 스스로 자연을 아끼며, 어디 어느 시기에 무슨 야생초가 나는지를 잘 알고 있다. 그러므로 금년만 캐는 것이 아니라 내년에도, 내후년에도 무성하게 자라게 해서 캐야 하므로, 종자까지 모조리 캐서 멸종시키는 일을 해서는 안 될 것이다.

자연을 아끼며 보호하고 가꾸면서, 자연이 주는 혜택을 조금씩 나누어 갖는 마음가짐이 필요한 것이다.

욕심을 내어 모조리 다 쓸어 버리는 것은 자연에 대한 죄악이고, 그 결과 산야초가 멸종되어 다음 해부터 얻을 수 없는 불행을 맛보

아야 하는 것이니, 각별히 주의해야 한다.

1) 복장

① 모자 : 반드시 챙이 있는 모자를 쓴다.
② 웃옷 : 긴 소매의 옷을 입고 주머니가 여러 개 있으면 편리하다.
③ 바지 : 벌레나 독초를 막기 위해 긴 바지를 입는다.
④ 신발 : 등산화나 농구화 등 평소 신고 다니던 신발을 신고, 가
　　　　급적 새로 산 신발은 피하는 것이 좋다.
⑤ 장갑 : 헌 장갑을 이용하면 편리하다.
⑥ 수건 : 수건이나 손수건 화장지 등은 필수품이다.

2) 용구

① 등에 메는 가방 : 양손이 자유로워지도록 등에 메는 가방을 준
　　　　비한다.
② 소형 삽 : 땅속 뿌리를 캘 때 필요한 소형 삽을 준비한다.
③ 칼 : 소형으로 준비한다.
④ 낫 : 인진쑥이나 약쑥 등을 채취할 때 필요하다.
⑤ 책보 : 경우에 따라서는 앞치마처럼 매어서 뜯은 야생초를 넣는
　　　　주머니로 이용할 수 있고, 갑자기 비나 바람을 만나면
　　　　머리에 쓸 수도 있으니 꼭 준비한다.

식물도감이나 사진에서 본 산나물과 실물은 매우 차이가 있으므
로, 혼자 산이나 들에 가서 나물을 캔다는 것은 너무나 무모한 짓이
다. 처음에는 경험이 많은 사람과 함께 가서, 경험자의 지도를 받아
가며 아는 나물만 캐는 것이 좋다. 그리하여 점차 하나하나 배워가
며, 식용하는 나물의 종류를 늘려 가는 것이 좋다.

경험이 많은 사람은 어디에 가면 무슨 나물이 있다는 것을 잘 알
고 있다. 그리고 어떻게 먹는 것이 가장 좋은지 조리 방법까지 훤히

알고 있다.

자기도 모르는 사이에 비슷한 독초를 캤을 수도 있으므로, 나물이 시들기 전에 전문가 앞에서 깨끗이 다듬고 분류해서 가져오는 것이 안전하다. 채취한 나물이 말라 버리면 먹는 나물과 못 먹는 나물을 구별하기 어렵기 때문이다.

13. 가정에서 기를 수 있는 산야초

우리 나라의 자연은 너무나 아름답고, 산야에는 사계절을 통해 온갖 식물들이 많이 자라고 있다. 그 속을 지나다 보면 아름답고 귀여운 산야초를 만나게 되는데, 첫눈에 정이 가서, 저 꽃을 우리 집에서 길러 봤으면 하는 생각을 갖게 된다.

그러나 그곳에 피어 있는 들꽃은 그곳을 찾는 모든 사람들의 공유물이며, 그곳을 찾는 모든 사람을 기쁘게 하는 공동 재산이므로 내 욕심만 차리고 함부로 캐서는 안 되는 것들이다. 그리고 그 꽃은 사람과 동물처럼 귀중한 생명을 가진 생명체이니 함부로 뽑거나 꺾어서는 안 된다. 채취가 금지된 장소에서는 물론이고, 길가에 무심히 피어 있는 꽃에 대해서도, 진실로 꽃을 사랑한다면 함부로 손을 대서는 안 된다.

그러므로 산야초의 재배도 미리 기르고 있는 사람에게서 나누어 받는 것이 가장 좋다고 할 수 있겠다. 또는 꽃집에서 사는 방법도 좋을 것이다. 이때 산에 자생하는 꽃을 함부로 캐와서 파는 것은 절대로 사서는 안 된다. 희귀하다는 것은 그만큼 재배하기가 어렵다는 뜻이며, 산에서 함부로 캐와서 길러 봐도 결국 죽고 말 뿐 살릴 수가 없다. 희귀한 품종일수록 환경이 달라지면 절대로 살지 못하기 때문이다.

할 수 없이 들이나 산에 있는 식물을 캘 때는 그 품종이 거기 많이 있다는 것을 확인하고 그 가운데 한 포기를 캐며, 자연의 상태가 파괴되지 않도록 각별히 주의를 해야 한다.

그리고 이때 문제가 되는 것은 이렇게 채취한 산야초를 어떻게 기르는가 하는 것인데, "길가에 있는 잡초이니, 아무렇게 해도 잘 자라겠지."라는 안일한 생각으로 적당히 심었다가 전부 죽어 버리고 살리지 못했다는 사람이 많다. 그리고는 "야생초의 재배는 너무나 어렵다."라고 말하는 사람이 많다.

저자도 취나물과 인동을 분에 심었다가 처음에 여러 번 실패한 쓰라린 경험이 있었다. 식물도 동물과 마찬가지로, 양생동물을 가축으로 길들이기가 보통 힘드는 것이 아닌 것처럼, 양생의 식물을 인공적인 작은 분이나 좁은 마당에서 살도록 길들이기가 보통 어렵지가 않다는 것을 알아야 한다.

그러나 정성을 들여서 어느 정도 기본적인 자연환경을 만들어 주면, 대자연 속에서 생존경쟁을 이겨 온 야생의 식물들은 별 탈 없이 잘 자라며, 계절에 따라 고운 꽃을 피울 것이다.

가장 중요한 것은 그 식물이 자연 속의 어떤 환경 속에 자랐고, 어떤 토질에 자랐으며, 어떤 계절에 가장 왕성하게 자라는가 하는 것을 잘 살펴서, 그러한 환경과 가장 가깝게 해주면 별 탈 없이 잘 자라게 될 것이다.

1) 정원식과 분식

자기 집 마당에 온갖 들꽃들이 피는 산야를 재현할 수 있다면 얼마나 좋을까 하는 생각을 갖는 것은 당연한 일이다. 그러나 자연환경을 도시의 좁은 마당에 재현한다는 것은 그리 쉬운 일이 아니다. 그러나 조금 연구하고 궁리하면, 몇 가지 품종은 마당에 심어서 즐길 수가 있을 것이다.

마당 한쪽에 흙을 쌓아서 작은 언덕을 만들고 잡목을 심어 그늘을 만들어서 적당한 습도를 유지하면 많은 산야초가 잘 자랄 수 있을 것이다. 거기에다 돌을 쌓거나 작은 연못을 파면 더 많은 산야초가 힘차게 자랄 것이 분명하다.

산야초의 멋은 역시 자연 속에 있는 것이 돋보인다. 분에 심는 것보다 가능하면 마당에 심어서 즐기는 것이 좋다. 그러나 아파트나 마당이 없는 도시에서는 분에 심을 수밖에 없는데, 이때 용토(用土)와 물주기, 재배 장소 등을 잘 고려하면 식물이 좋아하는 환경을 유사하게 만들 수 있어서 분재도 가능하다.

분에 심을 때 가장 중요한 것은 어떻게 심는가 하는 것이다. 어떤 흙에, 어떤 분을 사용하는가 하는 것이, 심은 뒤 생장에 큰 영향을 끼치게 되는 것이다.

아무 흙이나 분에 채워서 심었더니 곧 죽어 버렸다는 경험을 겪은 사람이 의외로 많을 것이다. 또한 심은 분을 어디에 둘 것인가 하는 것도 문제이고, 일광, 통풍, 습도, 물주기 등 모두가 문제가 된다.

　다음은 산야초를 심는 일반적인 방법이다. 이 방법을 기초로 여러 가지 방법을 스스로 연구해서 성공하도록 궁리해 보는 것도 재미있는 일일 것이다. 남들이 기르기 어렵다고 하는 품종을 자기는 잘 기른다는 자부심도 또한 보람이 있는 일이고, 자랑스럽고 만족스러울 것이다.

2) 실생(實生)

　산야초 가운데는 이식을 싫어하는 품종이 많으므로, 종자를 심어서 기르는 것이 더 쉬운 것도 있다. 종자를 많이 뿌리면 강한 것만 살아 남기 때문에 재배가 어렵다는 품종도 의외로 잘 사는 수가 있다. 종자를 채취하면 자연을 훼손하는 일도 없고 인공적인 환경에도 쉽게 적응하므로, 권할 만한 방법이다.

3) 산야초를 심는 법

　가장 일반적인 방법이며, 많은 산야초에 적용된다.

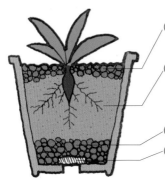

① 자갈(용토 표면의 경화, 용토의 유실, 흙탕물 방지 등의 역할을 함)
② 용토(用土)는 깨끗한 모래를 사용한다. 품종에 따라서는 유기질을 첨가할 수도 있다.
③ 자갈(배수와 통풍작용)
④ 망, 또는 화분 조각(배수구 보호, 용토의 유실 방지)

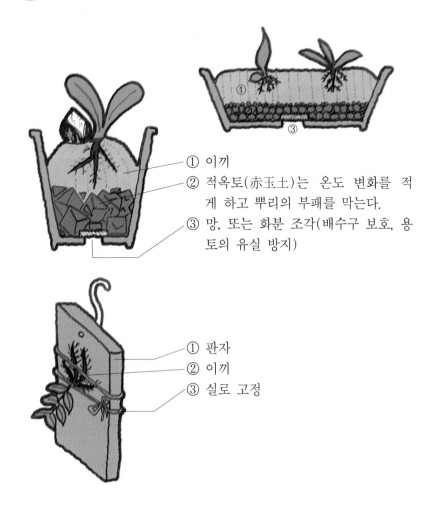

① 이끼

② 적옥토(赤玉土)는 온도 변화를 적
  게 하고 뿌리의 부패를 막는다.

③ 망, 또는 화분 조각(배수구 보호, 용
  토의 유실 방지)

① 판자

② 이끼

③ 실로 고정

14. 산야초의 재배

1) 둥굴레

- 개화기 ⋯ 4~5월
- 분포 ⋯ 울릉도와 남부, 중부지방의 산지에서 자란다.

- 특성 ··· 높이는 30~50cm 정도로 자라며, 줄기의 윗부분이 약간 모가 지는 경향이 있으며, 잎은 넓은 계란꼴로서 두 줄로 규칙적이다. 봄에 푸른빛을 띤 흰 꽃이 두 송이씩 늘어져 핀다. 이 풀의 개량종인 '무의잎 둥굴레'는 정원에 많이 심는다.

- 재배 ··· 추위에 강하며 겨울에는 지상부가 말라죽고 굵은 지하경이 살아 남는다. 어떤 흙에도 잘 자라며 양지바른 자리와 그늘을 가리지 않는다. 심는 것은 이른봄이나 늦가을에 하고, 화분에서 가꿀 경우 산모래에 ⅓ 정도의 부엽토를 섞어 5~10개의 눈을 심어준다. 싹이 틀 때까지 바깥에서 낙엽이나 짚으로 덮어두면 고르게 싹이 터 그 뒤의 생육 상태가 좋아진다.

- 번식법 ··· 늘어나는 속도가 비교적 빠르므로 포기나누기로 한다.

- 노트 ··· 어린 잎은 나물로 사용한다. 뿌리, 잎은 약용으로 하고, 전분을 채취하여 식용으로 한다.

2) 산자고

- 개화기 … 4~5월
- 분포 … 제주, 전남(무등산, 백양산), 경기도(광릉)에 야생하며, 지리적으로 일본, 중국 등지에 분포한다.
- 특성 … 다년생 초본이며 인경은 난원형이고 지름은 약 3cm, 표면은 자갈색이며, 밑에 수염뿌리가 많이 나 있다. 화경은 한 개로 부드럽고 드물게 곧게 서며 높이 약 20cm 정도이다.
- 재배 … 이식의 적기는 꽃이 진 다음 다음해 봄까지의 휴면기가 좋다. 분에 심을 경우는 봄에는 해가 잘 드는 곳, 여름에는 휴면할 수 있도록 시원한 나무 그늘이나 연못가에 두면 좋다. 분의 용토는 유기질이 많도록 하며, 잎이 있을 때는 비료를 조금 주는 것이 좋다.
- 번식법 … 분구가 잘 되므로, 매년 이식할 때 나누어 심는다. 종자로 잘 번식된다.
- 노트 … 한랭한 기온을 좋아하므로 여름에 시원하게 하는 것이 중요하다.

3) 얼레지

- 개화기 … 3~5월
- 분포 … 전국적으로 자라며 산지의 밝은 수림 속에 난다.
- 특성 … 낙엽수림 속에 군생하며 알칼리성을 즐기는 듯 석회암 지대에 특히 많은 다년초. 잎은 두 장뿐이고, 거의 땅에 붙어 마주 난다. 이른봄 잎 사이로부터 5~10cm쯤 되는 꽃자루를 신장시켜 한 송이의 보랏빛 꽃을 피운다.
  꽃은 6매의 꽃잎으로 이루어지는데 완전히 피면 꽃잎이 모두 위를 향해 솟아오른다.
- 재배 … 초여름에 잎이 지기 시작하므로 3~5월 사이에 충분히 비배를 해준다. 깊게 심어야 잘 자라므로 깊은 분을 이용한다. 다소 입자가 굵은 산모래에 부엽토를 30% 섞어 심는다. 물은 보통으로 주고 꽃이 핀 후 잎이 마르면 흙이 다소 마르도록 물을 적게 준다. 나무 그늘에서 여름을 시원하게 보내도록 한다. 거름은 봄철 꽃이 필 때까지 하이포넥스를 잎에 뿌려주고 꽃핀 뒤에 깻묵가루를 한번만 분토 위에 놓는다. 포기가 쇠약해졌을

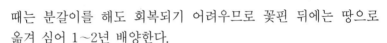

때는 분갈이를 해도 회복되기 어려우므로 꽃핀 뒤에는 땅으로 옮겨 심어 1~2년 배양한다.
- 번식법 … 인경(비늘줄기)으로는 그다지 번식이 잘 되지 않으므로 씨를 뿌려서 모를 노지에 심는다.
- 노트 … 잎은 나물로 먹으며, 비늘줄기에서 녹말을 채취하여 식용과 약용으로 한다.

4) 해오라비난초

- 개화기 … 7~8월
- 분포 … 산지의 양지 쪽 습지에서 자라는 다년초로서 남부에서는 수원과 칠보산에서 자란다.
- 특성 … 자생지가 개발되는 등으로 야외에서는 꽃이 점점 희귀하게 되었다. 백로가 날개를 활짝 펴고 날아가는 모습이 연상되므로 이런 이름이 붙여졌다. 타원형의 알줄기에서 옆으로 뻗는 땅속줄기가 돋우며 끝에 알줄기가 달린다. 큰 잎은 4~5매로서 잠자리난초보다 조금 작다. 꽃은 1~3개 이상 피어나 4~5개월 동안 계속 피어 있다. 꽃의 색깔이 눈처럼 희다는 것과 꽃 모양에 관상 가치를 두고 있다.

- 재배 … 물이끼 단용 또는 산모래를 주체로 한 배양토로 심는다. 포기의 번식은 물이끼 단용이 일반적이다. 산모래가 주체인 때에는 소량의 부엽토와

피트모스를 섞어서 심는다. 양달에서 아침, 저녁으로 흠뻑 물주기를 하여 관리하며, 비료는 월 1~2회 아주 엷은 화학 액비를 준다. 겨울에는 추위와 극도의 건조를 막아주어야 한다.

- 번식법 … 땅 속에서 옆으로 뻗는 가지가 몇 대 나와서 그 끝머리에 자구가 생긴다. 겨울에 옆으로 뻗는 가지가 마른 다음에 분갈이를 하면 이 자구는 물이끼나 배양토에 뒤섞여서 찾기 어려우므로 분갈이는 10월경에 하는 것이 좋다.
- 노트 … 꽃이 해오라기의 날개같이 보이는 것은 꽃의 겉잎의 옆편이 발달한 것이다.

5) 보춘화

- 개화기 … 3~4월
- 분포 … 백령도에서 남해안 구룡반도를 연결하는 내륙 및 해안도서와 제주도에 자생한다.
- 특성 … 건조한 숲 속에서 자라는 상록 다년초로서 굵은 뿌리를 사방으로 길게 뻗는다. 잎은 선형이며 길이 20~50cm, 나비 6~10mm, 끝이 뾰족하고 가장자리에 미세한 톱니가 있다. 꽃은 하

나의 꽃대에 한 송이가 피고 연한 황록색이고 잎에 여러 가지
무늬가 나타나기도 한다. 일부의 꽃 중에는 연한 향기를 풍기는
것도 있다.

- 재배 … 건조한 것을 좋아하므로 너무 과습되지 않게 한다. 산모래
에 부엽토를 ⅓ 정도 섞어 심기도 하고 이끼에 싸서 키우기도 한다.
- 번식법 … 먼저 묵은 뿌리나 상한 잎을 깨끗이 정리한 다음 뿌리
줄기를 갈라내어 포기나누기로 증식시킨다.
- 노트 … 난초 기르기를 참고로 한다.

6) 제비꽃

- 개화기 … 4~5월
- 분포 … 전국적으로 널리 분포를 보이며 야산지대나 인가 근처에
서 가장 많이 볼 수 있다.
- 특성 … 다년초로서 땅 속에 자리한 짤막한 줄기로부터 잎이 자
라나기 때문에 잎이 땅 속으로부터 나 있는 듯이 돋는다. 꽃 색
은 짙은 자주색, 간혹 백색 바탕에 자주색 줄이 있는 꽃도 있다.
- 재배 … 배수가 잘 되는
성질의 배양토가 좋고
강모래를 주체로 소량
의 부엽토를 섞은 배양
토를 쓴다. 다년초라도
2~3년초라고 생각하고
매년 분갈이에서 포기
가 퍼지면 가급적 어린
포기를 남기고 묵은 포
기는 버린다. 또 뿌리꽃
이로 언제나 포기를 육
성할 것이며, 혹은 실생
으로 어린 묘를 확보하

는 노력을 하는 것이 좋다. 이런 일들이 묵은 포기에 의존하지 않는 요령이다. 분을 놓는 장소는 양달이 좋다.

- 번식법 … 뿌리꽂이는 3월의 분갈이에서 뿌리의 몇 대를 도중에 절단하여 보드라운 산모래 묘상에 얕게 옆으로 뉘어서 심는다. 자른 자리만 노출시키지 않도록 들어올리듯 심으면 거기에서 발아한다. 실생은 삭과가 누렇게 될 때에 채취하여 산모래 묘상에 뿌리면 10일 내외에 발아한다. 그런데 완숙한 씨는 바로 뿌려도 겨울의 추위를 맞지 못하면 발아하지 않으므로 한 번 냉동시키지 않으면 다음 봄에야 발아하게 된다. 이러한 경우에 씨를 뿌리고 충분한 물주기를 하고 묘상의 화분을 가정용 냉장고에 보름 정도 넣었다가 양달에 내면 발아시킬 수가 있다.
- 노트 … 제비꽃에는 원예용인 품종으로서 꽃이 짙은 적자색인 '호제비꽃', 흰꽃인 '흰제비꽃', 겹꽃인 '겹제비꽃', 봄에 핀 잎에 백색, 담황색, 담적색 등의 무늬가 있는 '비단제비꽃' 등이 재배되고 있어서 가끔 시판하는 것을 볼 수가 있다.

7) 석곡

- 개화기 … 5~6월
- 분포 … 서남해안과 남해안 도서지방과 한라산 남부지방의 바위 겉이나 노출된 고목에 붙어서 자란다.
- 특성 … 상록 여러해살이풀, 꽃은 숲처럼 많이 서 있는 줄기 중에서 3년째의 묵은 줄기에 달리며, 이 줄기에는 대개 잎이 붙어 있지 않다.
- 재배 … 질화분에 물이끼를 공처럼 뭉쳐 올려놓고 그

위에 뿌리를 얕게 기게 하여 심는다. 깊이 심지 말아야 할 것과 물이끼 뭉치를 꽉 뭉치지 말 것이 포인트이다. 또 물이끼 뭉치를 노끈으로 공중에 달아매어 키워도 좋다. 약간 밝은 반 그늘에서 관리하고 묽은 화학 액비를 월 2~3회 준다.

- 번식법 … 물이끼 뭉치는 한 해 건너 교환하지만 시기는 3~4월이 좋다. 이때에 포기나누기로 번식시킨다. 꽃이 진 초여름에 줄기를 물이끼에 꽂아도 발근이 잘 된다.
- 노트 … 고전 원예의 분야에서는 장생란(長生蘭)이라고도 한다. 전체를 건위 및 강장제로 약용한다.

8) 애기똥풀

- 개화기 … 5~8월
- 분포 … 전국적으로 분포하며 마을 근처의 양지 또는 숲 가장자리에서 흔히 볼 수 있다.
- 특성 … 봄의 꽃인 피나물과 동속이며, 인가 근처의 길바닥, 돌담의 틈, 양지의 숲 가장자리 등에서 흔히 자라는 2년초이다. 줄기는 높이 30~80cm로 전체가 부드럽고 분백색이며, 상처를 받으면 황색의 즙이 나온다. 꽃은 가지 끝에 황색으로 2cm 정도의 4개의 잎을 가진 꽃을 피운다.

- 재배 … 2년초이므로 매년 종자를 뿌려서 묘를 만든다. 1년째는 근생엽대로 넘기므로 본엽이 3~4매 나

왔을 때에 산모래에 부엽토를 섞은 배양토에 정식한다. 양달 또는 밝은 반 그늘에서 재배하고 가급적으로 배수가 잘 되도록 한다.

- 번식법 ⋯ 씨는 산모래 묘상에 뿌린다. 2년째에 꽃이 핀 포기에 어린 포기가 붙을 때에는 떼내어 이것만으로 심지만, 어미 포기는 뽑아 버린다.
- 노트 ⋯ 유명한 약용식물로서 한방에서는 백굴채(白屈菜)라 한다. 주로 진통제, 단독 등에 약용하며 옻에도 쓰인다.

9) 산비장이

- 개화기 ⋯ 8~10월
- 분포 ⋯ 전국에 분포하며 낮은 산의 양달의 초원에서 핀다.
- 특성 ⋯ 높이는 30~100cm의 엉겅퀴와 비슷한 체모를 갖고 있으나 엉겅퀴의 무리는 아니다. 가을의 풍취가 짙은 종류이므로 정원이나 분재로 재배해 왔으나 최근 양산하게 되었다. '제주산비장이'는 높이 15~20cm로 분재에도 아주 적합하다.

- 재배 ⋯ 배양토는 산모래를 주체로 30% 정도의 피트모스를 섞어서 넉넉한 질화분에 재배한다. 화분은 여름에도 양지에 두고, 저녁에는 물을 충분히 준다.
- 번식법 ⋯ 3월 분갈이에서 포기나누기를 하지만 묵은 가지보다는 어린 가지를 우선적으로 선정하며 이것을 비배하는 것이 보다 아름다운 꽃을 볼 수 있다. 실생도 가능하면서 산모래 묘상에 씨를 뿌린다. 씨는 많이 채취하여도 완숙하는 것은 그다지 많지 않은 경향이 있다.

10) 말나리

- 개화기 ⋯ 6~7월
- 분포 ⋯ 우리 나라 전역에 널리 분포되어 있다.
- 특성 ⋯ 바퀴꽃의 잎사귀와 꽃잎이 젖혀진 풍정이 야취에 충만하다. 줄기의 높이는 50~100cm 정도로 잎은 줄기의 중간부에 4~9장이 둥글게 배열되어 위쪽에는 3~4장의 작은 잎이 어긋난

자리에 난다. 한여름에 줄기 끝이 3~4개로 갈라져 각기 한 송이의 주황색 꽃을 피운다.

- 재배 … 산모래를 주체로 하여 가급적 배수가 잘 되도록 심는다. 거름은 깻묵가루를 화분 위에 약간만 뿌려주고, 건조와 과습은 물론 더위와 추위에도 강해 특별한 취급을 할 필요는 없다. 낮은 지대에서 재배하자면 자생지의 환경과는 반대로 반그늘에서 관리하는 것이 좋다. 또 장마 이후에는 비를 맞히지 말고 물주기도 제한하는 것이 요점이다.
- 노트 … 개체변이가 많고, 잎이 넓은 것과 좁은 것에서부터 꽃잎(화피편)에 반점이 없는 것과 흑자색인 것까지 있다. 이후의 재배에서는 이들의 변이형을 계통적으로 발취하여 보존하는 것도 재미있을 것이다.

11) 산나리

- 개화기 … 7~8월
- 분포 … 한국, 일본
- 특성 … 반 그늘의 경사지에서 피는 백색의 나리. 꽃 가운데에 적

갈색의 가는 반점이 있고 꽃가루도 적갈색이다. 사람이 심은 것이 야생화한 것으로 본다.

- 재배 ··· 노지재배에 적합하지만 분재배를 한다면 구근 지름의 3~4배의 등근 형의 질화분을 준비한다. 배양토는 산모래, 피트모스, 부엽토를 같은 양으로 섞고 화분 깊이의 양 중간에 구근을 심는다. 화분의 위치는 양달 또는 반 그늘에 둔다.
- 번식법 ··· 구근의 자연분구 번식과 실생, 구근의 비늘조각꽂이가 있다. 실생은 3월에 씨를 산모래 묘상에 뿌리지만 발아는 땅 속에서 이루어지며 최초에는 작은 구근이 될 뿐 지표에 잎이 나오지 않는 기간이 길다는 것을 각오해야 한다. 비늘조각꽂이는 생육이 좋은 구근의 비늘조각을 1매씩 벗겨서 이것을 강모래 삽상에 꽂는다. 비늘조각은 비스듬히 기울게 하여 ⅔ 정도로 묻는다. 끝단은 물론 노출되는 것이다.

9월이 적기로 발아는 이듬해 봄이지만 겨울 동안에는 비닐 프레임 등으로 얼지 않도록 해야 한다.

12) 참취

- 개화기 ··· 8~10월
- 분포 ··· 전국에 분포하며, 산야의 풀밭에서 자란다.
- 특성 ··· 높이 1.5m 정도로 상당히 크게 자라며 잎은 심장 꼴로 서로 어긋나게 난다. 잎 뒷면은 흰빛을 띠며 잎 가장자리에는 톱니가 나 있다.

가지의 끝에 가까운 자리에 나는 잎은 길쭉한 계란꼴 또는 피침
꼴이다. 가지 끝에 여러 송이의 꽃이 함께 피는데 중심부는 노
랗고 가장자리에는 띄엄띄엄 흰 꽃이 난다. 나물취 또는 암취라
고도 부른다.

- 재배 … 키가 크고 꽃은 많이 피지 않으므로 뜰에 심는 것이 좋
다. 분에 심을 때는 사질양토로서 물이 잘 빠지는 흙에 심고, 양
지바른 곳에 두어야 한다.
- 노트 … 어린 잎을 나물로 하며 이것이 참된 취나물이다. 성숙한
것은 두통 및 현기증에 사용한다.

13) 물레나물

- 개화기 … 6~8월
- 분포 … 전국적인 분포를 보인다.
- 특성 … 양지와 바닷가에서 흔히 자라는 다년초로서 지역에 따라
서는 '고추나물' 등 그 종류가 많으나 이 물레나물이 그중 꽃이

가장 크고 꽃잎이 선회하는 것처럼 소용돌이형으로 피어서 예전부터 재배해 왔다.

- 재배… 어떤 흙이나 무난하나 산모래를 주체로 여기에 부엽토 또는 피트모스를 섞어서 심고 양달에서 재배한다. 물을 좋아하며 건조에는 약하다.

- 번식법… 다년생이지만 꽃을 과다하게 피우면 한 해로 수명이 끝나는 경우가 있으므로 모종을 항상 마련해 둘 필요가 있다. 실생과 줄기꽂이로 번식시키지만 줄기꽂이는 잎을 2~4매 붙여서 길이 5cm 안팎의 순을 붙여서 강모래 삽상에 꽂는다. 실생은 산모래 묘상에 뿌린다.

- 노트… 어린순을 나물로 하고 한방에서는 연주창, 부스럼 및 구충에 약용으로 한다. 암술대의 윗부분에서 ⅓ 정도 갈라지는 것을 '큰물레나물' 이라고 한다.

14) 비비추

- 개화기 … 7~8월
- 분포 … 남부와 중부지방에 분포하며 산지의 어둡고 습한 암벽이

나 너도밤나무 등 고목의 줄기에 착생하고 있다.

- 특성 … 재배하여도 꽃은 다소 고개를 숙여서 핀다. 여름의 더위
  를 잊게 하는 풍취가 있어서 산초계에서는 일찍부터 재배되고
  있다. 다년초로서 잎이 모두 뿌리에서 돋아 비스듬히 퍼진다. 잎
  은 계란꼴 심장형 또는 타원꼴 계란형으로서 끝이 뾰족하고 가
  장자리가 밋밋하지만 약간 우굴쭈굴해지며, 길이 12~13cm, 나
  비 8~9cm이다.
- 재배 … 산모래와 부엽토를 반반씩 혼합하여 먼지를 잘 빼서 배
  수가 잘 되도록 하여 질화분에 심는다. 화분은 반 그늘에 둔다.
  뿌리가 땅 속으로 깊이 들어가는 것을 싫어하므로 가급적이면
  얕게 심는다.
- 노트 … 야생의 비비추 중에는 습지에 피는 '일월비비추', '좀비
  비추', '산옥잠화' 등이 소형으로 꽃색이 가장 진하다. 여기에
  비하여 비비추는 꽃색이 거의 백색에 가까워 대조적이다. 연한
  잎을 식용으로 하며, 흰 꽃이 피는 것을 '흰비비추'라고 한다.

15) 맥문동

- 개화기 … 8월
- 분포 … 남부지방
  에서 중부지방까
  지, 주로 제주도와
  울릉도에 분포한
  다.
- 특성 … 주로 산지
  의 음습한 곳에
  나는데, 남부지방
  에서는 한약재로
  쓰기 위해 밭에서
  가꾸고 있다. 높이

40cm 정도로 자라며 짙은 녹색 잎 사이로 꽃자루를 길게 신장시키는 난초와 비슷한 잎을 가진 다년초이다. 꽃은 이삭 모양으로 보랏빛이다. 꽃이 아름답기도 하지만 가을에는 짙은 남색 열매를 맺으므로 오래도록 즐길 수가 있다. 겨울에도 잎이 초록으로 남아 있다.

• 재배 … 어떤 배양토에서도 잘 자라며, 반 그늘에서 가꾸는 것이 좋다. 물주기도 보통으로 하면 된다.

• 번식법 … 포기나누기로 증식시킬 수 있는데, 한여름과 겨울을 제외하고는 어느 때라도 가능하다.

• 노트 … 덩이뿌리는 소화 및 강장, 강심제로도 사용한다.

16) 꿀풀

• 개화기 … 5~6월
• 분포 … 전국적으로 분포하며, 산지의 양지에서 자란다.
• 특성 … 다년초로서 높이 20~30cm이고 전체에 백색 털이 있으며, 원줄기는 네모 지고 꽃이 진 다음 밑에서 옆가지가 뻗는다. 꽃은 적자색이며 꽃차례는 길이 3~8cm로서 꽃이 밀착한다.
• 재배 … 산모래에 얕게 심는다. 건조에 강하며 물을 너무 많이 주거나 그늘이 질 때는

도장하여 짜임새 없는 상태가 되어 버린다. 따라서 햇빛을 충분
히 쪼일 수 있도록 하는 한편 물을 적게 주는 것을 잊지 말아야
한다.
- 번식법 … 이른봄 눈이 움직이기 시작할 무렵에 실시하는 것이
좋다. 씨뿌림은 봄이나 가을에 행한다.
- 노트 … 어린순은 나물로 먹는다. 또한 전초는 꽃이 진 이후 이뇨
제로 하거나 연주창에 쓰인다.

15. 산야초 도감

1) 식나무

- 약용효과 … 민간에서는 잎을 썰어 은종이에 싸서 불에 쬐어 진흙
같이 된 것을 부스럼이나 종기 또는 화상에 바른다.
- 생유지와 특색 … 내음성(耐陰性)·내한성(耐寒性)이 있어 재배
가 쉬우므로 뜰에 많이 심는다. 여러 가지 원예품종이 있는데,

은하수식나무의 잎은 녹색 바탕에 노랑무늬가 하늘의 은하수처럼 들어 있으며, 별얼룩무늬식나무의 잎은 크고 작은 노랑 또는 황백색의 점무늬가 흩어져 있고, 무늬식나무의 잎은 녹색 바탕에 잎가에 노랑·유백색의 무늬가 들어 있다. 울릉도·제주도 등지에 분포한다.

• 채취방법… 이른봄 새순을 채취한다. 꽃이 피기 전에 따는 것이 좋다.

• 먹는 법… 조금 쓴맛이 있으므로, 삶아서 물에 우려낸 후 먹는다. 튀김을 하면 맛이 좋다.

2) 명아주

• 약용효과… 어린 잎을 따서 즙을 내어 벌레 물린 데에 바르면 효과가 있다.

• 생유지와 특색… 전국적으로 분포하며, 공터·길가·인가 주변 등에 넓게 자생한다. 높이 1.5m 정도까지 자라며, 옛날에는 명아주의 줄기로 노인들이 지팡이를 만들었다.

• 채취방법… 한여름을 빼고 봄, 가을에 어린 잎을 손으로 딴다. 과실은 가을에 딴다.

• 먹는 법… 살짝 삶아서 먹는다. 무침·튀김 등으로 이용한다.

3)   붉은토끼풀

- 약용효과 … 꽃은 기침을 멎게 하고 가래를 삭게 하는 작용을 한다.
- 생유지와 특색 … 잎은 3장의 작은 잎이며, 잎자루는 길고 잎맥에서 차례차례로 분지(分枝)가 생겨 30 ~90cm 정도가 된다. 여름에서 가을에 걸쳐 30~100개의 작은 꽃이 공 모양으로 모인 꽃의 싹이 달린다. 꽃은 진한 적자색에서 담홍색이며 흰색도 있다. 양지바른 곳에 자생한다.

- 채취방법 … 어린 잎은 3~6월에, 꽃은 6~9월에 딴다.
- 먹는 법 … 꽃은 튀김을 하고, 잎은 살짝 삶아서 먹는다.

4)   예덕나무

- 약용효과 … 잎과 껍질은 궤양에 효과가 있다. 위궤양에는 달여서 먹고, 부스럼에는 즙을 바른다.
- 생유지와 특색 … 양지바른 야산에 자생하는 낙엽고목이다. 어린 가지와 잎에는 적갈색을 띤 별 모양의 부드러운 털이 있으며, 6 ~7월에 가지 끝에 원뿔꽃차례가 달린다. 열매는 구형(球形)의

열과(裂果)이고 표면에 부드럽고 긴 가시가 있다.

• 채취방법… 이른봄 새싹을 뜯는다.
• 먹는 법… 쓴맛이 없으므로 살짝 삶아서 무침이나 국을 끓여 먹는다.

5) 미역취

• 약용효과… 감기, 두통, 목이 아픈 데 말린 약재를 1회에 3~6g 달여서 복용한다.
• 생유지와 특색… 줄기는 거의 가지를 치지 않고 곧게 자라며, 높이 30~60cm에 이른다. 줄기에 나는 잎은 길쭉한 피침꼴로 서로 어긋나며, 구불구불 파도치듯 구부러져 있다. 8~9월이 되면 줄기의 위쪽 잎 겨드랑이마다 4~5송이의 노란 꽃이 핀다. 양지바른 산지에 자생하며, 전국에 분포한다.
• 채취방법… 어린 잎은 뿌리 가까이서 자르고, 꽃과 자란 잎은 손

으로 딴다. 연중 채취 가능하다.
- 먹는 법⋯ 대표적인 산나물로 맛이 좋으며, 어떻게 조리해도 맛이 좋다.

6)   왕고들빼기

- 약용효과⋯ 풀 전체에 건위작용을 하는 성분이 들어 있어서 강장에 좋고 불면증에도 효과가 있다.
- 생유지와 특색⋯ 평지와 야산, 인가 부근 등 아주 흔한 나물이다. 잎은 깃꼴로 갈라지는 것

과 갈라지지 않는 것이 있다. 8~10월경 줄기 끝이 분지하고 설상화(舌狀花)만으로 되어 있는 지름 2cm 정도의 두화(頭花)가 달리며, 아침에 피고 저녁에 진다. 꽃 색깔은 담황색이며, 열매는 검은색이고 깃털이 있으며 바람에 흩어진다.

• 채취방법… 어린 잎을 꽃이 피는 3월에서 10월까지 칼로 캔다.
• 먹는 법… 찌개・국・무침・튀김 등 여러 가지로 이용된다.

7)　으름

• 약용효과… 신장염, 방광염, 요도염, 이뇨작용을 한다.
• 생유지와 특색… 산의 숲 가장자리에 자라며, 덩굴이 뻗어서 다른 나무에 기어오르며 자라나고, 묵은 가지에는 마디마다 여러 장의 잎이 난다. 가을이 되면 적자색의 열매가 익어서 껍질이 터져 부드러운 속살이 보인다.

• 채취방법… 어린 잎은 이른봄, 열매는 9~10월에 채취한다.
• 먹는 법… 잎은 삶아서 먹고, 열매는 생식한다.

8) 엉겅퀴

- 약용효과… 해열, 신경통, 종기, 건위 등의 약효가 있으며, 신경통과 건위에는 1회에 건조 뿌리 2~4g을 달여서 복용한다. 종기에는 생뿌리를 짓찧어서 붙인다.
- 생유지와 특색… 아무 풀밭에서라도 쉽게 찾아볼 수 있는 이 풀은 많은 종류의 엉겅퀴 중에서도 가장 꽃이 먼저 피며 초장 1m에 달한다. 꽃받침에 끈적끈적한 점액이 있는 것이 특징이다.
- 채취방법… 어린 잎은 11월에서 다음해 봄까지 손으로 따며, 뿌리는 연중 삽으로 캔다.
- 먹는 법… 어린 잎은 무침·찌개 등으로 이용하고, 뿌리는 장아찌를 만든다.

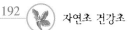

9)　둥굴레

- 약용효과 … 자양, 강장 으로 쓸 때는 술에 담 가 복용하며, 강장제로 쓸 때는 1일 3회, 4∼ 14g을 달여서 나눠 복 용한다.

- 생유지와 특색 … 숲이 우거진 야산과 높은 산 의 그늘진 곳에 자라 며, 줄기는 50∼90cm 정도로 곧게 선다. 잎 은 장타원형이고 끝이 뾰족하며 두 줄로 어긋 나고 뒷면에 유리 조각 같은 돌기가 있다. 꽃 의 길이는 2∼2.5cm로 액생하며, 2∼3개씩 한 화경에 붙어 있다.

- 채취방법 … 어린 잎을 이른봄에 뿌리 가까운 데서 칼로 캐며, 뿌 리는 삽으로 캔다.

- 먹는 법 … 풀 전체에 단맛이 있으므로 삶아서 무침·튀김·찌개 등으로 먹을 수 있다.

10)　산자고

- 약용효과 … 말린 비늘줄기를 자양 강장제로 쓴다.

- 생유지와 특색 … 햇빛이 잘 드는 산기슭의 풀밭에 자라며, 꽃줄 기는 이른봄에 1개만 자라며 높이 15∼30cm로 끝에 꽃이 핀다. 열매는 세 모서리꼴로 길이 1cm 정도이다. 열매를 맺은 뒤 땅

윗부분은 마르며, 여름철에는 땅 속 부분
으로 휴면한다.
- 채취방법… 잎과 꽃은 봄에 잎이 마를 때까지 채취한다.
- 먹는 법… 단맛과 향기가 있으며 맛이 좋다. 국·무침·찌개 등
으로 조리해서 먹는다.

11) 호장근

- 약용효과… 한방에서는
뿌리를 호장근이라 하
여, 완화제·이뇨제·
통경제로 쓴다.
- 생유지와 특색… 볕이 잘
드는 냇가나 산기슭에
서 자라는 잡초로서, 줄
기는 속이 비어 있고
어릴 때는 적자색 반점
이 있으며, 잎은 어긋

나며 길이 6~15cm의 달걀꼴이다. 꽃은 6~8월에 흰색으로 피며, 가지 끝에서 총상꽃차례로 달려 전체적으로 원뿔꽃차례를 이룬다.

• 채취방법… 잎이 다 자라기 전 어릴 때 손으로 딴다.
• 먹는 법… 신맛이 있으므로, 튀김이나 무침으로 먹는다.

12) 주목

• 약용효과… 이뇨, 지갈, 통경, 혈당을 낮추는 효과가 있으므로 말린 잎을 1회에 3~8g 달여서 먹거나 혹은 생즙을 내어서 먹는다.
• 생유지와 특색… 높은 산에 자생하는 상록성 침엽수이며, 잎은 깃털 모양이지만 다소 넓고 끝이 둥글며 부드럽다. 수피가 붉을 뿐만 아니라 목질부도 붉은색을 띠고 향기가 난다. 4월에 연노란색 꽃이 피고 가을에 속이 움푹 파인 붉고 다즙인 열매가 열린다.
• 채취방법… 열매는 8~9월에 잘 익었을 때 따고, 잎은 필요할 때 언제라도 딴다.
• 먹는 법… 열매는 생식하며, 과실주나 잼을 만들어도 좋다.

13) 개갓냉이

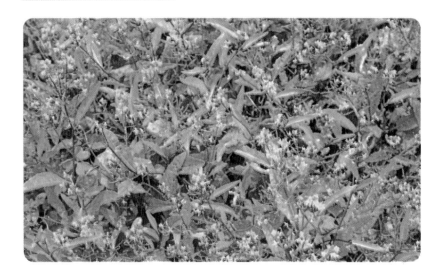

- 약용효과 … 잎과 줄기를 달인 액은 건위제로 이용한다.
- 생유지와 특색 … 들판·논·밭에 나며, 높이 50cm가량 자란다. 여러해살이풀로서 전체에 털이 없고 가지가 많이 갈라진다. 꽃은 5~6월에 황색으로 줄기 및 가지 끝에 피며, 많은 꽃이 밀착한다. 씨는 작은 알맹이이며 황색이다.
- 채취방법 … 일년 내내 채취할 수 있으나, 이른봄의 어린 잎이 가장 맛이 좋다.
- 먹는 법 … 생채로 먹어도 좋고, 삶아서 무쳐 먹어도 좋다.

14) 개미취

- 약용효과 … 뿌리와 풀은 진해거담제(鎭咳祛痰劑)로 사용한다.
- 생유지와 특색 … 길가・공지・풀밭 등에 자라며, 잎은 어긋나고 큰 것은 길이 20~31cm, 나비 6~10cm로서 달걀꼴 또는 긴 타원형으로 가장자리에는 날카로운 톱니가 있다. 하늘색 꽃은 7~10월에 피며, 지름 2.5~3.3cm 정도로서 가지 끝과 원줄기 끝에 핀다.
- 채취방법 … 잎은 이른봄에 채취하고, 꽃은 6~10월 사이에 손으로 딴다.
- 먹는 법 … 많이 먹는 산나물이며, 무침・튀김으로 조리한다.

15) 개비름

- 약용효과 … 민간(民間)에서는 비름과 더불어 이질(痢疾)에 사용한다.
- 생유지와 특색 … 밭이나 빈 터에 많이 자라며, 잎은 어긋나고 잎자루가 길며 녹색이고, 꽃은 6~7월에 피며 잎 겨드랑이와 원줄

기 끝에 모여서 수
상(穗狀) 꽃차례를
형성하고, 전체적으
로는 원추꽃차례가
된다.
- 채취방법… 어린순과
어린 잎을 이른봄에
딴다.
- 먹는 법… 삶아서 무
쳐 먹거나 튀김을
한다.

16)　쇠무릎

- 약용효과… 이뇨·통경·진통에 효능이 있으며, 1회에 2~6g을
달여서 복용한다. 또는 약재를 10배 양의 소주에 담갔다가 조금
씩 복용한다.

• 생유지와 특색 … 산과 들의 풀밭, 길가에 자생하며, 번식력이 왕
  성한 잡초로서 높이 50~100cm에 이르며, 타원형인 잎에는 양면
  에 많은 털이 나 있다. 8~9월에 피는 꽃은 초록색이며, 이삭 모
  양으로 핀다. 씨는 익으면 다른 물체에 달라붙는 성질이 있다.
• 채취방법 … 될 수 있는 대로 어린 잎을 딴다.
• 먹는 법 … 튀김 또는 삶아서 무침으로 한다.

17) 오갈피

• 약용효과 … 마비 · 통증 · 요통 · 음위 · 각기 등에 효과가 있다. 1
  회에 2~ 4g을 달여서 복용한다.
• 생유지와 특색 … 야산에서 흔히 볼 수 있는 작은 나무로, 가지에
  는 작은 가시가 있고
  잎자루 끝에 5장의 작
  은 잎이 나 있다. 5월
  경 새로 자란 가지 끝
  에서 연보랏빛 꽃이
  우산 모양으로 뭉쳐서
  핀다.
• 채취방법 … 3 ~ 7월에
  새로 나는 어린 잎을
  딴다.
• 먹는 법 … 잎은 삶아서
  물에 우려낸 다음
  나물로 먹고, 열
  매는 술을 담가
  먹거나 차로 달
  여서 먹는다.

18) 꿀풀

- 약용효과 … 이뇨·소염·간염·안질·종기·젖몸살 등에 쓰이며, 하루에 6~12g을 달여서 마신다. 외용약으로 쓸 때는 달인 물로 씻거나 짓찧어 환부에 붙인다. 안약으로 쓸 때는 달인 물을 탈지면으로 걸러서 세척한다.

- 생유지와 특색 … 줄기는 각이 진 높이 15~30cm 정도이고, 난형 또는 장난형인 잎은 마주 나며 풀 전체에 거친 털이 나 있다. 꽃은 자주색으로 5~7월에 피며 짧은 원추형의 꽃잎을 이삭형으로 줄기 끝에 단다. 여름이 되면 꽃이 갈색으로 변하여 마치 고사한 것처럼 보이기 때문에 하고초(夏枯草)라는 이름이 붙었다.

- 채취방법 … 어린 싹과 잎은 일년 내내 따는데, 꽃과 잎을 손으로 딴다.

- 먹는 법 … 잎은 튀김이나 삶아서 무침으로 하고, 꽃은 샐러드의 장식으로 쓴다.

19) 독활

- 약용효과 … 뿌리와 줄기를 말려서 달여 먹으면 두통과 현기증에 좋고, 잎은 건위나 소화촉진을 돕는다.

- 생육지와 특색 … 야
  산의 잡목 숲과 울
  창한 산림 사이에
  자생하며, 높이 1.5m
  정도인 여러해살이
  풀이다. 꽃은 녹색으
  로 7~8월에 핀다.
  열매는 장과(漿果)
  이며 둥글고 검게
  익는다.
- 채취방법 … 줄기와
  잎은 4~6월에 채취
  하고, 뿌리는 가을에
  캔다.
- 먹는 법 … 잎은 튀
  김으로, 줄기는 장
  아찌로 한다.

21) 개구릿대

- 약용효과 … 진통·진
  해·두통에 효과가
  있다.
- 생육지와 특색 … 산
  의 골짜기에 나며,
  높이 2m 이상인 여
  러해살이풀로 줄기
  는 크고 길다. 꽃은
  흰색으로 8월에 피
  며 복산형꽃차례이

고 총포는 없다. 열매는 8~9월에 익으며 타원형이다.
- 채취방법…5~6월에 갓 나온 잎을 칼로 도려낸다.
- 먹는 법… 쓴맛이 있으므로 삶아서 물에 우려낸 후 먹는다.

22)　연령초

- 약용효과… 위장약·최토약의 재료로 쓰인다.
- 생육지와 특색… 산지의 음지인 계곡에 나며, 줄기는 20~40cm 정도까지 자라며, 줄기 끝에 넓은 계란꼴의 잎이 3매 있고, 그 잎의 중심에 가는 꽃대가 자라 한 개의 꽃이 핀다. 색은 녹색이다.
- 채취방법… 지상부는 모두 식용할 수 있으므로 이른봄에 손으로 꺾는다.
- 먹는 법… 다소 쓴맛이 있으므로 물로 잘 우려낸 후 먹는다.

23)　질경이

- 약용효과… 감기, 기침, 이뇨, 기관지염에 말린 잎을 1회에 4~8g 달여서 복용하고, 씨는 1회에 2~4g 달이거나 가루로 만들어 복용한다.
- 생육지와 특색… 길가나 풀밭에서 흔하게 볼 수 있는 잡초이다.

가을이 되면 한 뼘
정도의 꽃줄기 끝에
많은 열매가 열린다.
작은 타원형의 열매
는 다른 것이 조금
이라도 닿으면 위의
것부터 튕겨나며 떨
어져 멀리 날아간다.
질경이 곁을 동물이
나 사람이 지날 때
마다 이 작은 종자
가 튀어나오는데,
이 종자가 한방에서
말하는 차전자(車前

子)이다. 비가 오는 날이나 아침 이슬로 종자에 물이 묻었을 때
는 튀어나온 종자가 동물이나 사람 옷에 붙어서 멀리까지 운반
되어 여러 곳에까지 번식한다.
- 채취방법… 일년 중 채취할 수 있으나, 봄의 어린 잎이 가장 좋다.
- 먹는 법 … 맛이 순하므로 여러 가지로 조리해서 쓸 수 있다.

23) 큰처녀고사리

- 생육지와 특색 … 산지의 습
지에서 자라며 온대지방의
대표적인 양치식물이며, 뿌
리줄기는 짧고 잎은 뭉쳐난
다. 잎자루는 길이 10~
30cm로서 비늘조각이 많다.
- 채취방법… 6~8월 잎이 피
지 않은 것을 딴다.

• 먹는 법 … 쓴맛이 없으므로 살짝 데쳐서 먹는다.

24) 왕달맞이꽃

• 약용효과 … 어린 뿌리는 목이 아픈 데 달여 먹는다.
• 생육지와 특색 … 북아메리카 원산의 귀화식물이며, 높이 1.5m.
  큰달맞이꽃이라고도 한다. 풀 전체가 흰털로 덮여 있고 꽃은 7
  ~9월에 피고, 저녁 무렵 개화하여 다음날 아침에 시들기 때문
  에 달맞이꽃·참달맞이꽃과 함께 '저녁을 기다리는 꽃'이라 하
  여 예로부터 잘 알려져 있다.
• 채취방법 … 봄에 어린 잎을 손으로 뜯는다.
• 먹는 법 … 꽃과 잎을 모두 먹으며, 맛이 순하다.

25) 큰까치수영

- 약용효과 … 월경불순, 대하, 이질, 타박상, 유통(乳痛)에 좋다.
- 생육지와 특색 … 산지에 난다. 다년초로서 근경은 길게 뻗고 줄기는 곧게 서고 높이 60~100cm 내외이며, 밑부분은 다소 홍색을 띤다. 잎은 어긋나며, 엽병이 있고 길이 1~2cm이며 양끝이 날카롭고 가장자리가 밋밋하며 연모가 있다. 꽃은 백색으로 6~8월에 피며 총상화서로써 정생(頂生)하고, 끝이 갈고리 모양으로 굽으며, 꽃이 촘촘히 나고 화경이 있다.
- 채취방법 … 어린 잎을 5~6월에 손으로 딴다.
- 먹는 법 … 잎이 자라도 끝부분은 먹을 수 있다. 신맛이 강하므로 요리는 신맛을 살리는 음식에 쓰면 좋다.

26) 수송나물

- 생육지와 특색 … 해안가 모래땅에서 자라며, 한해살이풀이고 높

이 10~40cm 정도
이다. 줄기는 곧게
서거나 비스듬히 자
란다. 꽃은 7~8월
에 잎 겨드랑이에서
연한 녹색으로 피고,
열매는 포과(胞果)
이며 종자는 1개가
들어 있다.

- 채취방법… 어린 잎
  과 연한 가지 끝을
  이른봄에 손으로 딴
  다.
- 먹는 법… 삶아서 하
  루쯤 물에 우려냈다
  가 먹는다.

27) 뚝갈

- 약용효과 … 뿌리에
  해·해독작용이 있
  다.
- 생육지와 특색 … 길
  가·풀밭·들과 야
  산에 넓게 분포한다.
  높이 약 1m 정도인
  여러해살이풀로서
  전체에 백색 털이
  빽빽이 나고 줄기는
  곧다. 꽃은 7~8월

에 백색으로 가지 끝과 줄기 끝에 모여 피며, 꽃부리는 종모양이고 5개로 갈라진다.

• 채취방법 … 어린 잎과 줄기를 손으로 뜯는데, 일년 내내 뜯을 수 있다.

• 먹는 법 … 삶아서 무쳐 먹는다.

28) 벗풀

• 생육지와 특색 … 수면과 연못·물가에 자생하는 여러해살이풀이며, 잎은 뿌리에 뭉쳐나고, 잎자루는 30~70cm 정도이다. 6~10월에 걸쳐 꽃이 피며, 잎 사이에서 높이 20~80cm인 꽃줄기가 직립하고, 위쪽에는 수꽃, 아래쪽에는 암꽃이 달리는데 꽃잎은 3장이며 원형이고 흰색이다.

• 채취방법 … 어린 잎은 이른봄에 손으로 뜯는다.

• 먹는 법 … 잎은 무침을 하고, 뿌리는 졸여서 먹는다.

29) 큰수리취

- 생육지와 특색 … 풀밭과 양지바른 길가에 자생한다. 국화과의 여러해살이풀로서 높이 1~1.5m 정도이고, 보라색을 띠고 있으며 거미줄 모양의 가는 흰털이 나 있다. 꽃은 가을에 피며 총포엽(總苞葉)은 둥근 종모양이고, 길이 약 4cm의 어두운 보라색이다.
- 채취방법 … 4~6월에 어린 잎은 칼로 자르고, 뿌리는 삽으로 캔다.
- 먹는 법 … 향기가 좋으므로, 쑥과 같이 떡에 넣어 먹어도 좋고, 무침을 해도 좋다. 뿌리는 졸여서 먹는다.

30) 박주가리

- 약용효과 … 강장강정약(强壯强精藥)·지혈제로 쓰인다.
- 생육지와 특색 … 전국 각지에 야생하며 들이나 산에 난다. 엽병이 길며 마주 나고 긴 심장형이며, 길이 5~10cm로서 톱니가 없고 지맥이 분생하며 뒷면이 분처럼

희다. 꽃은 엷은 자색으로 7~8월에 핀다. 과실은 골돌과로서 짐승 뿔 모양이며, 전면에 고르지 않은 작은 돌기가 있고, 종자에 백색의 긴 털이 있다.

- 채취방법… 4~6월에 어린 잎을 딴다. 줄기는 조금 자란 것도 먹을 수 있으므로 따낸다.
- 먹는 법 … 맛이 순해서 생으로 먹어도 되고, 무침이나 튀김으로 조리할 수도 있다.

31) 감나무

- 약용효과 … 딸꾹질, 이뇨, 혈압강하, 백일해에 효과가 있으며, 혈압강하에는 말린 잎을 1일 3회 5~7g을 차로 달여 마신다. 딸꾹질에는 감 꼭지를 5~6g 달여서 마신다.

- 생육지와 특색 … 우리나라 특유의 과실나무이며, 높이 10m에 달한다. 잔가지에는 보드라운 털이 나 있으며 많은 가지를 치고, 목질이 다른 나무에 비해서 연하므로 부러지기 쉽다. 묽은 둥치는 검은색이며 껍질에는 잔금이 많고 많이 갈라져 있다.

- 채취방법… 4〜6월에 어린 잎과 가을에 과실을 손으로 딴다.
- 먹는 법 … 잎은 삶아서 나물로 먹고, 과실은 생식한다.

32) 병꽃풀

- 약용효과 … 당뇨병, 아동의 허약 체질에 달여서 마신다.
- 생육지와 특색 … 인가 가까운 길가·공지·밭둑에 자라고, 덩굴이 뻗는 여러해살이풀이며, 향기가 좋다. 이른봄에 꽃이 피고, 줄기는 생장력이 왕성하며, 길이 1m 이상 뻗어나간다.
- 채취방법 … 부드러운 잎을 손으로 딴다. 연중 채취 가능하다.
- 먹는 법 … 튀김을 하면 일품이다.

33) 얼레지

- 약용효과 … 위장염, 설사, 구토, 화상에 쓰이고, 1회에 4〜6g 달여서 마시거나 가루로 먹는다. 화상에는 가루를 환부에 뿌린다.

• 생육지와 특색 … 산
속 기름진 곳에 자
라는 백합과의 여러
해살이풀이며, 땅 속
에 3~5cm가량 되
는 장타원형의 알뿌
리가 있는데, 봄이
되면 거기서 20cm
가량의 꽃줄기가 나
와 6장의 꽃잎이 달
린 보랏빛 아름다운
꽃이 핀다. 꽃줄기
양편으로 2장의 특

이한 잎이 나는데, 표면에는 보랏빛 얼룩무늬가 있다.
• 채취방법… 4월경에 어린 잎을 칼로 딴다. 뿌리는 6월경에 캔다.
• 먹는 법 … 삶아서도 먹고, 튀김으로도 한다.

34) 괭이밥

• 약용효과 … 열로 인
한 갈증 · 이질 · 간
염 · 피부병에 1일
10~15g을 달여서 3
회에 복용한다. 또
는 생즙을 마신다.
피부병에는 생풀을
짓찧어 환부에 바른
다.
• 생육지와 특색 … 집
가나 길가 · 들판 어

디서라도 쉽게 볼 수 있는 흔한 풀이다. 봄부터 가을까지 계속 작은 노란 꽃이 피고, 저녁때가 되면 꽃과 잎이 모두 오므라든 다. 잎이나 줄기를 씹어 보면 신맛이 난다.

• 채취방법 … 잎·줄기·꽃을 1년 내내 딸 수 있다.

• 먹는 법 … 살짝 데쳐서 먹는다. 신맛이 몸에 좋다.

35) 가막사리

• 약용효과 … 기관지 염·폐결핵·인후염· 편도선염·이질·단독 피부병 등에 좋다.

• 생육지와 특색 … 밭둑 이나 물가에 난다. 일 년초이고 높이는 약 70~90cm이다. 잎은 마주 나며 3~5갈래 로 갈라진다. 꽃은 황 색이고 8~10월에 피 며 줄기 끝이나 가지 끝에 피고, 과실은 모 양이 이지러진 계란 형이며, 가을이 되면 붉게 익는다.

• 채취방법 … 가을에 익 은 과실을 딴다.

• 먹는 법 … 익은 과실도 처음에는 신맛이 많아서 먹기가 거북하 지만, 서리를 맞은 다음에 딴 것은 맛이 좋다. 과실주를 담글 때 는 신 것을 그대로 쓴다.

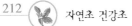

36) 비자나무

- 약용효과··· 종자는 촌
  충·십이지장충을 구
  충하는 효과가 있고,
  자양강장의 효과도 있
  다.
- 생육지와 특색··· 높이
  20m에 달하는 침엽상
  록의 거목이고 제주도
  와 백양사 부근의 비
  자나무 숲은 특히 유
  명하다. 과실은 2~
  5cm의 타원형이며, 익
  으면 자갈색이 되고,
  종피에서 약간 붉은
  색을 띤 종자가 땅에
  떨어진다.

- 채취방법··· 가을에 땅에 떨어진 종자를 줍는다.
- 먹는 법··· 생과로 먹거나 과실주를 담가 먹는다.

37) 살갈퀴

- 약용효과··· 전초(全草)를 달여서 마시면 부종에 효과가 있고, 종
  자를 달여서 마시면 귀와 눈의 작용을 촉진한다.
- 생육지와 특색··· 양지바른 들판과 길가·공터·인가 근처에 자생
  한다. 완두콩과 흡사한 모양이며, 풀 전체에 보드라운 털이 있
  다. 줄기는 약 1m 정도까지 자라고 많은 곁가지를 친다. 잎 겨
  드랑에 홍자색의 꽃이 피고, 6월경에 꼬투리 속에 열매를 결실
  한다.

- 채취방법… 초여름까지 꽃과 보드라운 잎, 줄기를 뜯는다.
- 먹는 법… 삶아서 무쳐 먹거나 튀겨서 먹는다.

38) 꿩의다리

- 약용효과… 음양각에 대용으로 쓰인다.
- 생육지와 특색… 산지와 고산의 양지에 나며, 풀 전체가 흰털로 덮여 있고, 키는 1m 정도까지 자라는데, 직립한 줄기는 많은 가지로 갈라진다. 작은 잎은 3매가 1조이며, 각 잎은 역달걀꼴이고 세 갈래로 갈라

져 있다. 여름에 그 끝에 꽃이 핀다.
• 먹는 법 … 쓴맛이 없고 맛이 좋으므로, 살짝 데쳐서 먹는다.

39) 차풀

• 약용효과 … 꽃과 열
매가 달린 채로 그
늘에서 말려, 차 대
용으로 마시면 변
비 · 건위 · 정장의
효과가 있다.
• 생육지와 특색 … 강
둑이나 길가 양지바
른 장소에 자생하
며, 높이 30~60cm
정도이고, 줄기에
안으로 굽은 잔털이
있다. 잎은 어긋나
기하고 짝수 깃꼴겹
잎이다. 꽃은 7~8
월에 노란색으로 잎
겨드랑이에 1~2개
씩 달리며, 작은 꽃

자루 끝에 소포(小苞)가 있다. 꽃받침 조각은 바소꼴이고 짧은
털이 있으며, 꽃잎과 더불어 각각 5개이다.
• 채취방법 … 어린 잎은 5~6월에, 꼬투리에 든 열매는 8~11월, 전
초는 11월에 낫으로 벤다.
• 먹는 법 … 어린 잎은 살짝 삶아서 먹고, 열매는 기름을 짜기도
한다.

40) 시로미

- 약용효과 … 식욕증진, 입이 마르는 데 효과가 있다.
- 생육지와 특색 … 높은 산꼭대기에 자라며, 상록의 소관목이며 높이가 20~30cm이며, 줄기는 옆으로 뻗고 가지는 가늘고 약간 곧게 서며, 백색 털이 있으나 자람에 따라 점차 없어진다. 잎은 길이 6mm 정도의 선형이며, 조밀하게 대생하고 짙은 녹색이며, 광택이 있다. 5~6월에 꽃이 피고 암홍색의 작은 꽃이다.
- 채취방법 … 가을에 잘 익은 열매를 딴다.
- 먹는 법 … 과실은 단맛이 있어서 생과로 먹을 수도 있고, 잼이나 과실주를 담가도 좋다.

41) 도라지

- 약용효과 ··· 가래가 끓
  는 기침, 편두통에 1
  일 약재 2g과 감초 3g
  을 달여서 마신다.
- 생육지와 특색 ··· 야산
  과 들판에 자생하고,
  가을에 귀여운 꽃을
  피우는 친숙한 풀이다.
  잎은 어긋나고 잎자루
  가 거의 없고 끝이 뾰
  족한 긴 달걀형 또는
  긴 타원형이며, 가장자
  리에 날카로운 톱니가
  나 있다. 꽃은 짙은 보

랏빛 혹은 흰색으로 7~8월에 피는데, 모양이 종과 같이 생겼으
며 끝이 5갈래로 갈라져 있다
- 채취방법 ··· 어린 잎은 봄에 손으로 따고, 뿌리는 삽으로 캔다.
- 먹는 법 ··· 잎은 삶아서 무쳐 먹고, 뿌리는 생채 또는 장에 무쳐
  먹는다.

42) 뚱딴지

- 생육지와 특색 ··· 북아메리카 원산이며,
  식용으로 재배하나 자생(自生)하기도
  하는데, 공터, 길가에서 찾아볼 수 있
  다. 높이 1.5~3m 정도이며, 돼지감자
  라고도 한다. 땅속줄기의 끝이 굵어져
  덩이줄기가 발달하며, 잎과 더불어 털이

있다. 잎은 밑에서는 마주 나고 위에서는 어긋나며, 긴 타원형으로 가장자리에는 톱니가 있다. 꽃은 황색으로 9~10월에 피는데 지름 8cm 정도의 노란 두상화(頭狀花)이다.

• 채취방법… 어린 잎은 이른봄에 따고, 뿌리는 삽으로 캔다.

• 먹는 법… 잎은 삶아서 우려낸 후 먹고, 뿌리는 사료 또는 양조용으로 쓴다.

43) 소리쟁이

• 약용효과… 이뇨·지혈·소화불량·황달에는 1회에 4~6g을 달여서 복용한다. 옻·종기·피부병에는 생 뿌리 즙을 내어 환부에 바른다.

• 생육지와 특색… 습기가 있는 들판에 자생한다. 보랏빛을 띤 굵고 튼튼한 줄기는 60cm 이상으로 자라고 그 줄기에 길이가 30cm 정도로 긴 잎이 어긋나는데, 잎은 긴 피침형이고 쭈글쭈

글하다. 6~7월이 되면 줄기 끝에 녹색의 꽃이 이삭 모양으로
핀다. 꽃이 지고 나면 꽃받침 3장이 크게 자라서 날개 모양이
되어 과실을 감싼다.

• 채취방법…풀 전체를 먹을 수 있으나, 이른봄에 나는 어린 잎이
가장 좋다. 새싹을 칼로 도려낸다.

• 먹는 법 … 삶아서 하루쯤 물에 우려낸 후 먹는다.

44) 산마늘

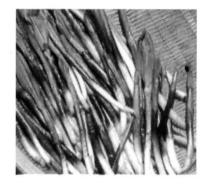

• 약용효과… 마늘과 같이 강장
거담의 효과가 있다.

• 생육지와 특색… 습기가 많은
산의 숲 속에 자생한다. 잎은
넓고 2~3개씩 달리며, 길이
20~30cm, 나비 3~10cm로

약간 흰색을 띤 녹색이다. 잎자루 밑부분은 잎집으로 되어 서로 둘러싸고 있다. 꽃은 흰색 또는 노랑으로 5~7월에 피며, 높이 40~70cm의 꽃줄기가 나오고 그 끝에 산형꽃차례가 달린다. 열매는 삭과이고 3개의 심피(心皮)로 이루어진 거꿀심장꼴이다.

• 채취방법… 4~6월에 어린 잎을 따고, 뿌리는 호미로 캔다.
• 먹는 법… 파와 부추와 같은 방법으로 조리해서 먹는다.

45) 금창초

• 약용효과… 원줄기와 잎은 상처와 설사에 사용한다.
• 생육지와 특색… 야산, 들판, 인가 가까이 자생한다. 줄기가 옆으로 뻗고 전체에 다세포의 털이 있다. 뿌리 잎은 방사상으로 퍼지며, 길이 4~6cm, 나비 1~2cm로 짙은 녹색이지만 자줏빛이 돌며 가장자리에 둔한 물결 모양의 톱니가 있다. 윗부분의 잎은 길이 1.5cm로 마주 나고 긴 타원형 또는 달걀꼴이

다. 꽃은 5~6월에 피며 짙은 자주색으로 잎 겨드랑이에 몇 개씩 달리고 꽃이 피는 줄기는 5~15cm로 곧게 자란다.

• 채취방법… 지상부를 칼로 도려낸다.
• 먹는 법… 맛이 국화와 같이 좋으므로 튀겨서 먹는다.

46) 금매화

• 약용효과… 설사・이질・위궤양에 말린 약재를 1회에 4~7g 달여서 먹는다. 구내염・치근 출혈에는 5g을 달인 물로 입 안을 가신다.
• 생육지와 특색… 야산이나 풀밭 등 전국 어디서라도 흔히 눈에 띄는 다년생풀이며, 키는 1m 정도로 아주 크고, 잎과 줄기에 긴 털이 나 있다. 6~7월에 가지와 줄기 끝에 이삭 모양으로 작은 황색 꽃을 피운다. 열매에는 끝이 꼬부라진 갈퀴 모양의 털이 있어서 옷에 붙는다.
• 채취방법… 6월경에 새순과 잎을 손으로 뜯고, 약용으로 쓸 때는 개화기의 풀을 뜯는다.
• 먹는 법… 맛이 좋으며, 봄에 나는 어린 싹을 나물로 먹는다.

47) 구기자

- 약용효과 … 피로 회복·소염·이뇨·고혈압에 말린 약재를 1회에 4~8g을 달여서 복용한다.
- 생육지와 특색 … 한방과 민간약으로 예로부터 많이 사용한 가장 친숙한 약나무이다. 들과 산에 자생하는 나무이지만 과수원이나 밭 또는 집의 울타리에도 많이 심는다. 가지가 길게 뻗으며 여름에 연보라색 꽃이 피고 가을에 타원형이 빨간 열매를 많이 맺는다.

- 채취방법 … 어린 잎은 이른봄에 다고, 열매는 가을에 붉게 익은 다음 딴다.
- 먹는 법 … 잎은 삶아서 나물로 먹고, 열매는 차나 술을 담가 먹는다.

48) 누리장나무

- 약용효과 … 고혈압·중풍·각종 마비에 말린 약재를 1회에 4~6g 달여서 복용한다.
- 생육지와 특색 … 평지와 야산, 언덕과 잡목림 등에 넓게 분포되어 있다. 키가 작은 낙엽 활엽수로써 줄기는 여러 갈래로 갈라지며 옆으로 넓게 퍼진다. 잎은 마디마다 2장씩 나고 달걀꼴이며, 끝이 뾰족하며 길이는 10~20cm 정도이다. 잎에서는 고약한 냄새가 난다. 꽃은 작고 흰색인데 5장의 좁은 꽃잎이 활짝 피며,

여러 송이가 뭉쳐서 핀다. 열매는 남빛으로 익는다.

- 채취방법… 5~6월에 어린 잎은 손으로 딴다.
- 먹는 법 … 고약한 냄새가 나지만 삶으면 사라진다. 기름에 튀기거나 무쳐서 먹는다.

49) 청나래고사리

- 약용효과 … 해열·자궁출혈에 쓰인다.
- 생육지와 특색 … 습기가 많은 산림 그늘에 군생한다. 고사리와 비슷하게 생겼고, 묶은 잎줄기가 겹친 뿌리 혹은 땅 속에 있고, 거기서 가지가 나와 점점 퍼져 나간다. 이른봄 말린 싹이 나와 점점 퍼지면서 크게 벌

어진다. 잎의 길이가 약 1m에 달하는 것도 있다.
- 채취방법… 어린 잎을 손으로 딴다. 잎이 말려 있는 동안은 먹을
수 있다.
- 먹는 법… 살짝 삶아서 먹는다.

50)　등갈퀴나물

- 생육지와 특색… 언덕과 들판, 인가 부근의 공터에 자생한다. 콩
과의 덩굴식물로써 길이 80~150cm 정도까지 자란다. 잎은 어
긋나며 잎자루가 없고 깃모양겹잎이며, 잎 끝은 갈라진 덩굴손

이다. 꽃은 남자색으
로 6월에 피며 이삭
모양의 총상꽃차례
이고 잎 겨드랑이에
서 자라며 꽃자루가
길다. 열매는 협과
(莢果)로 긴 타원형
이며, 길이 2~3cm
가량으로 털이 없고
편평하며 흔히 5개
의 씨가 들어 있다.
- 채취방법… 어린 잎
은 5~6월에, 꽃은 5
~8월에 손으로 뜬
는다.
- 먹는 법… 잎은 삶아
서 먹고, 꽃은 식초
에 담갔다가 먹는다.
사료로도 이용한다.

51) 풀명자

- 약용효과 … 피로회복·설사·저혈압에 좋다.
- 생육지와 특색 … 산간의 초지, 잡목림에 자라는 키가 작은 교목으로써, 이른봄 잎이 아직 다 피기 전에 5장의 꽃잎이 있는 새빨간 꽃이 피며, 가지에는 가시와 비슷한 잔가지가 나 있어서 손에 찔리기 쉽다.
- 채취방법 … 9 ~ 10월에 과실을 딴다.
- 먹는 법 … 너무 셔서 생과로 먹을 수 없으므로 잼을 만들거나 술을 담가 먹는다.

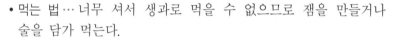

52) 칡

- 약용효과 … 뿌리는 두통·고혈압·설사 등에 좋고, 꽃은 식욕부진·구토·주독에 좋다. 뿌리는 1회 4~8g, 꽃은 2~4g을 달여서 마신다.
- 생육지와 특색 … 전국적으로 널리 분포되어 있으며, 다른 나무나 바위 등을 기어 올라가며 사

는 덩굴나무로 길이 15m 정도 이상으로 뻗는 것도 있다. 잎은 마디마다 서로 어긋나며 긴 잎자루에 3장의 타원형인 잎이 달린다. 잎 겨드랑이에서 꽃대가 나와 보랏빛 나비 모양의 꽃이 8월에 핀다. 열매는 꼬투리 속에서 익는다.

- 채취방법 … 잎과 싹은 이른봄에, 꽃은 8월경에 손으로 딴다. 뿌리는 봄, 여름, 가을에 삽이나 괭이로 캔다.
- 먹는 법 … 잎과 꽃은 튀겨서 먹고, 뿌리는 녹말을 내기도 하고, 즙을 짜서 마신다.

53) 들쭉

- 생육지와 특색 … 고산지대나 습기가 많은 곳에 자생하며, 높이 1m 정도인 철쭉과의 낙엽소관목이다. 가지는 갈색이며 어린 가지에 잔털이 있고, 잎은 어긋나고 달걀꼴 원형이며, 앞면은 녹색, 뒷면은 녹백색이고 가장자리가 밋밋하다. 꽃은 5~6월에 녹백색으로 피고 지난해의 가지 끝에 1~4개씩 달리며, 항아리 모

양이다. 열매는 구형(球形) 또는 타원형이고 지름 6～7mm로 8
～9월에 검은 보랏빛으로 익으며 흰가루로 덮인다.
- 채취방법…9월경 과실을 손으로 딴다.
- 먹는 법… 달고 새콤해서 맛이 좋다. 생과로 먹어도 좋고, 과실
  주나 잼을 만들어도 좋다.

54) 산뽕나무

- 약용효과 … 고혈압
  예방에는 백상피
  주를 담가 복용한
  다. 피로 회복, 강
  장에는 오디주를
  담가 마신다. 물에
  의한 화상에는 마
  른 잎 가루를 참기
  름에 개서 환부에
  붙인다.

- 생육지와 특색 … 밭
  둑이나 산기슭에
  자라며, 누에의 먹
  이로 잘 알려진 이
  나무의 열매는 초
  여름에 검게 익는
  데 이것을 오디라
  고 하며, 어릴 때
  즐겨 따먹은 기억이 있을 것이다.
- 채취방법… 어린 잎은 4～6월에 손으로 따고, 과실은 6～7월에
  잘 익은 것을 손으로 딴다.
- 먹는 법 … 잎은 차로 만들어 먹고, 열매는 생과로 먹거나 과실주
  로 만든다.

55) 이질풀

- 약용효과 … 이질 · 설사 · 손발이 저리고 감각이 없어지는데, 1회에 2~8g 달여서 복용한다.
- 생육지와 특색 … 들과 길가 강둑에 흔히 있는 풀로써, 잎은 손바닥 모양으로 7갈래로 갈라져 있고, 마디마다 2장씩 마주 나고 있으며, 온몸에 잔털이 나 있다. 잎 표면에는 검은 보랏빛 반점이 있다. 꽃은 잎 겨드랑이로 붙어 자라난 꽃대 위에 1~2송이 분홍색 또는 노란 꽃이 피는데, 꽃잎은 5장이다.
- 채취방법 … 4~5월에 어린 잎을 손으로 뜯는다.
- 먹는 법 … 약간 쓴맛이 있으나, 대체로 풍미가 있으므로 삶아서 물에 우려낸 후 먹는다.

57) 개연꽃

- 약용효과 … 타박상이나 외상에, 근경(根莖)을 달여서 먹으면 통증이 사라진다.
- 생육지와 특색 … 연못이나 작은 개울에 자생하는 수초로서, 높이 30cm 정도이고, 뿌리줄기는 비스듬히 누운 모양으로 갯솜질이

며, 드문드문 잎자루를 내어 울퉁불퉁하다. 꽃은 황색으로 8~9
월에 피며, 뿌리에서 원기둥꼴의 긴 자루가 나와 자루 끝에 한
송이가 피며, 꽃의 지름은 5cm이다. 열매는 삭과로서 둥근 달걀
꼴이고 녹색이며 물 속에서 익는다.

• 채취방법… 물 속에서 자라므로 채취하기 힘이 드는 식물이다.
먹는 부분만 딴다.
• 먹는 법… 삶아서 하루 밤 우려낸 후 먹는다.

57) 개보리냉이

• 생육지와 특색… 밭둑, 강둑에 들판에 자생하는 풀로, 높이 4~
20cm이고, 뭉쳐 나며 털이 많으나 점차 없어지고, 가지는 밑으
로 처진다. 뿌리에서 나는 잎은 지면에서 사방으로 퍼지고 꽃이
필 때까지 남아 있다. 노란 꽃은 3~5월에 피며 처음에는 엉성
한 산방형이지만 가지가 자라 밑으로 처지고, 꽃자루는 길이 1.5

~5cm이다. 열매는 수과(瘦果)이며 갈색의 긴 타원형이고 길이 3~4.5cm로 끝에 2~4개의 젖혀진 돌기가 있다.

- 채취방법… 남부지방에서는 3~4월, 중부 이북지방에서는 4~5월에 칼로 도려낸다.
- 먹는 법… 맛이 좋은 나물이며, 살짝 데쳐서 그대로 먹는다.

58) 월귤

- 약용효과… 술을 담가 먹으면, 강장, 불면, 피로회복에 효과가 있다.
- 생육지와 특색… 고산지대의 바위 사이나 초원에 자생하며, 상록의 작은 관목으로, 높이 10~20cm 정도이다. 잎은 혁질이고 길

이 1~2cm인 긴 타원형이며, 뒷면은 담록색이며 작고 검은 점이 있다. 6~7월에 가지 끝에 짧은 총상꽃차례의 단지 모양의 연한 홍백색 꽃이 달린다. 열매는 구형이고 지름 7mm가량이며 9~10월에 붉게 익는다.
- 채취방법… 9~10월경 익은 과실을 손으로 딴다.
- 먹는 법… 과실은 생과로 먹거나 술이나 잼을 만들어 먹는다.

59) 섬쑥부쟁이

- 생육지와 특색 ··· 평
지 · 고산의 초원 · 산
길 · 언덕가 등 약간
습기가 있는 곳에 자
생하며, 지하경이 튼
튼하고 옆으로 뻗어
있다. 줄기는 자라면
높이 1.5m가량이나 되
며, 윗부분에서 갈라진
다. 잎은 장타원형이며
가에 깊은 골이 있으
며, 줄기에는 흰털이
나 있다. 늦여름과 가
을에 가지 끝에 직경
15mm 정도의 작은
흰 꽃이 핀다.

- 채취방법 ··· 4~6월에 어린 잎을 손으
로 딴다.
- 먹는 법 ··· 특유의 향기가 있어서 맛
이 좋다. 삶아서 무쳐 먹는다.

60) 미나리냉이

- 생육지와 특색 ··· 사지의 골짜기 또는 음지에 나며, 높이 60cm 정
도인 여러해살이풀로서, 전체에 부드럽고 짧은 털이 있다. 땅속
줄기를 뻗어 번식하는데, 줄기는 가늘고 곧게 서며 가지가 조금
갈라진다. 잎은 어긋나며 잎자루가 길고 깃털 모양으로 깊이 갈
라진다. 꽃은 백색으로 6~9월에 핀다.

- 채취방법… 4~6월에 어린 잎을 꽃과 함께 딴다.
- 먹는 법 … 약간 쓴맛이 있으므로, 삶아서 하루 밤 물에 우려낸 후 먹는다.

61) 남오미자

- 약용효과… 껍질을 물에 삶아서 머리를 감으면 모발에 윤기가 흐르고 모발을 보호한다.
- 생육지와 특색 … 덩굴 길이 3m, 지름 1.5cm이며, 잎은 혁질(革質)이고 어긋나며 넓거나 긴 달걀꼴 또는 긴 타원형 바소꼴로 길이 5~10cm, 나비 3~5cm이다. 꽃은 4~8월에 피고 연한 황백색이며 지름 2cm이다. 꽃줄기는 잎자루보다 길며, 꽃받침 잎은 2~4개이고 꽃잎은 6~8개이며, 암술과 수술이 많다. 열매는

9월에 익는다.
- 채취방법… 10~11월경 익은 열매를 손으로 딴다.
- 먹는 법… 과실주을 만든다.

62) 청미래 덩굴

- 약용효과… 부종·여드름·이뇨에 줄기를 말려서 달여 먹고, 감기에는 잎을 달여 먹는다.
- 생육지와 특색… 덩굴식물로 길이 3m 정도 자라며, 줄기는 마디마다 굽으면서 갈고리 모양의 가시가 있다. 망개나무·매발톱가시·청열매덩굴이라고도 한다. 잎은 어긋나기하고 길이 3~12cm, 나비 2~10cm로 달걀꼴이며 잎 밑이 심장모양이다. 꽃은 5월에 황록색으로 피며 자웅이화이고, 산형꽃차례는 잎 겨드랑이에 달린다. 열매는 장과이고 구형으로 9~10월에 빨갛게 익는다.

- 채취방법… 햇순은 4~5월, 어린 잎은 6~7월, 과실은 9~10월에 손으로 딴다.
- 먹는 법… 잎과 순은 삶아서 먹고, 과실은 술을 담가 먹는다.

63) 다래

- 약용효과 … 과실은 지갈(止渴) · 해번열(解煩熱) · 이소변(利小便)에 쓰이며, 지엽은 살충의 목적으로 내복하며, 뿌리는 목통(木通) 대용으로 쓰이기도 한다.
- 생육지와 특색 … 깊은 산 속 숲에서 자생하는 낙엽활엽 덩굴식물이다. 잎은 어긋나고 장타원형이며 밑은 둥글고 끝은 급히 뾰족하며 날카로운 톱니가 있고, 뒷면의 맥 위에는 가는 털이 있다.

꽃은 녹색으로 5~6월
에 피며, 자웅이주이고
취산화서로서 액출하
며 화성에 달걀색 털이
있다. 과실은 장과로서
구형 또는 짧은 원주형
이며, 9~10월에 녹색
으로 익는다.
- 채취방법 … 9~10월에
  과실을 손으로 딴다.
- 먹는 법 … 생과로 먹거
  나, 과실주를 담가 먹
  는다.

64) 솜방망이

- 약용효과 … 이뇨, 해
  열, 거담에 1회에 4
  ~7g을 달여서 마신
  다. 옴, 버짐에 생풀
  을 짓찧어서 붙인다.
- 생육지와 특색 … 습기
  가 많은 야산 풀밭에
  자라며, 가지가 뻗지
  않고 외줄기로 자라며
  온몸에 가는 솜털이
  나 있다. 줄기 끝에 5
  ~6개의 꽃대가 자라
  그 끝에 지름 3~4cm
  정도의 노란 꽃이 봄

에 핀다. 대체로 독이 있는 식물로 알려져 있다.

• 채취방법… 4~6월에 어린 잎을 손으로 딴다.

• 먹는 법… 다소 독기가 있으므로 물에 오래 우려낸 후 조금 먹는다.

65) 산초나무

• 약용효과… 소화불량, 식체·위하수·구토·설사·기침 등에 말린 약재를 1회에 0.7~2g 달여서 먹거나 가루로 만들어서 먹는다.

• 생육지와 특색… 산의 숲 가장자리에 나며, 높이 약 3m에 달하는 작은 나무로써 줄기와 가지가 모두 날카로운 가시로 덮여 있다. 잎은 어긋나며 깃털 모양이고, 잎을 따서 냄새를 맡으면 산초 특유의 향기가 난다. 꽃은 8~9월에 피고 흰색이며, 많은 작은 꽃들이 우산 모양으로 뭉쳐서 핀다. 열매는 검은색이며 윤기가 난다.

• 채취방법… 어린 잎과 싹은 3~5월에, 과실은 6~10월에 손으로 딴다.

• 먹는 법… 과실은 기름을 짜서 먹거나 과실주를 담그고, 싹과 잎은 삶아서 먹는다.

66) 밀나물

- 생육지와 특색 ··· 야산
과 높은 산의 잡목림
에 자라며, 덩굴성
여러해살이풀로서
뿌리는 목질(木質)
이며 단단하고, 줄기
는 가지가 많이 갈라
지고 능선(稜線)이
있으며, 끝은 덩굴손
으로 다른 물체에 붙
어 기어올라간다. 잎
은 어긋나며 달걀 모
양이고 길이 5~
15cm, 나비 2.5~
7cm로서 5~7맥(脈)
이 있으며 끝이 뾰족

하다. 꽃은 5~7월에 피며, 열매는 둥글며 흑색으로 익는다.
- 채취방법 ··· 4~6월에 손이 닿는 곳에 어린 싹을 딴다.
- 먹는 법 ··· 맛이 좋은 산채이며, 대표적 산채이다. 삶아서 무쳐서
먹는다.

67) 전호

- 약용효과 ··· 두통 · 진해 · 거담 · 감기 · 폐허 · 천식 · 백일해 · 노
인 야뇨증에 효과가 있다.
- 생육지와 특색 ··· 초원 · 산기슭에 나는 다년초로서, 잎은 당근 잎
과 비슷한 복엽이다. 생장하면 높이 1.5m 정도에 달한다. 꽃은
백색으로 5~6월에 피며 복산형 화서이고, 화관은 소형이며 꽃

잎은 5개이고 도란형이며, 5개의 수술은 짧다. 과실은 장타원형
으로 선단은 조금씩 차차 좁아지며 검게 익고 광택이 난다. 뿌
리를 전호(前胡)라 한다.
- 채취방법… 4~6월에 어린 싹을 칼로 도려낸다. 꽃이 펴도 어린
싹은 먹을 수 있다. 뿌리는 삽으로 캔다.
- 먹는 법… 독특한 향기가 있으므로, 살짝 삶아서 무침이나 국을
끓여서 먹는다.

68) 보춘화

- 약용효과… 꽃과 꽃
대로 술을 담가 먹으
면 강장효과가 있다.
- 생육지와 특색… 평지
의 숲과 야산에 자생
하는 난과의 식물이
다. 높이 20~30cm
인 상록 여러해살이

풀이며 굵고 튼튼한 뿌리가 많다. 잎은 가늘고 길며 단단하고, 가에는 가는 톱니가 있다. 3~4월에 담록색의 연한 꽃이 핀다.

• 채취방법… 3~4월경 꽃을 손으로 딴다.
• 먹는 법… 풍미를 즐기는 것이므로, 전을 부쳐 먹거나 차를 만들어 먹는다.

69) 참취

• 약용효과 … 뿌리는 신장염·이뇨·만성 해수 등에 사용한다.
• 생육지와 특색 … 산지에 난다. 전체가 거칠거칠하고 줄기의 높이는 약 1~1.5m이며 잎은 어긋나고, 긴 잎자루가 있으며, 길쭉한 심장형이고 짙은 녹색이다. 줄기는 잘 자라며 대생한 잎은 표면에 짧은 털이 붙어 있다. 8~9월에 줄기 끝이 여러 개로 갈라지며, 가지 끝에 작고 흰 꽃이 핀다.

• 채취방법… 2~6월에 칼로 어린 싹을 도려낸다.
• 먹는 법 … 맛이 순하고 향기가 있으므로 살짝 데쳐서 먹는다.

70) 토끼풀

- 생육지와 특색 … 길가, 공지, 풀밭에 자생하는 유럽 원산의 다년
  초이며, 목초로서 이용되는 흔한 풀이다. 높이 10~30cm 정도
  자라며, 줄기는 길게 자라고 그 끝에 3매의 둥근 잎이 달린다. 4
  ~7월경에 희고 작은 꽃이 많이 핀다.
- 채취방법 … 봄, 가을에 손으로 딴다.
- 먹는 법 … 콩과 특유의 향기가 있어 맛이 좋다. 살짝 데쳐서 먹
  는다. 꽃은 튀겨서 먹는다.

71) 인동

- 약용효과 … 요통 · 관절통에 말린 약재를 1회에 4~10g을 달여서
  복용한다. 치질에는 50~200g을 욕탕에 우려낸 후 그 물로 목욕
  을 한다.
- 생육지와 특색 … 산비탈의 잡초림 속에 자라고 덩굴로 자라는 나

무이며, 오른쪽으로 감아 올라가는 특성이 있다. 잔가지는 적갈색이며 잔털이 나 있고 속이 비어 있다. 잎은 가장자리가 밋밋하며 톱니가 없고 타원형이다. 꽃은 6~7월에 가지 끝에 피고 대롱 모양이며 길이는 3cm 정도인데, 끝이 다섯 갈래로 갈라져 있다. 꽃색은 처음에는 희

게 피었다가 점점 연황색으로 변해 간다. 열매는 두 개씩 쌍으로 달리는데, 익으면 검게 물든다.
• 채취방법… 4~8월에 어린 싹·잎·꽃을 손으로 딴다.
• 먹는 법… 삶아서 무침을 하고, 튀겨서도 먹는다.

72) 수영

• 약용효과… 방광결석·토혈·혈변·이뇨에 말린 약재를 1회에 4~6g 달여서 복용한다. 종기에는 생뿌리를 짓찧어 붙인다.
• 생육지와 특색… 인가 부근의 풀밭에 나며, 줄기는 50~

80cm 정도까지 곧게 자라고, 꽃은 5~6월에 분홍 또는 초록색으로 피는데, 4mm 정도로 작다. 밭둑, 논둑 등 어디에서라도 쉽게 찾을 수 있는 흔한 풀이며, 잎이나 줄기를 씹어 보면 신맛이 난다.

- 채취방법··· 새순은 이른봄, 잎은 3~6월에 손으로 뜯고, 뿌리는 삽으로 캔다.
- 먹는 법··· 새싹과 잎은 삶아서 물에 우려낸 후 먹는다.

73) 쇠뜨기

- 약용효과··· 이뇨, 해열, 기침에 1일 4~10g을 달여서 3회에 나누어 복용한다.
- 생육지와 특색··· 양지바른 밭가·들·둑에 자생한다. 쇠뜨기에는 두 가지 종류의 줄기가 있는데, 하나는 이른 봄에 자라는 연갈색의 홀씨줄기이고, 또 하나는 녹색의 잎줄기이다.

약으로 쓰는 것은 잎줄기인데, 30cm로 자라는 이 잎은 녹색의 젓가락 같으며, 많은 마디로 이어져 있는 것이 특징이다.
- 채취방법… 3~5월에 어린잎과 포자를 손으로 뜯는다.
- 먹는 법… 기름에 튀기거나 달걀을 입혀 전을 부쳐 먹거나, 다른 채소와 함께 볶아서도 먹는다.

74) 쇠비름

- 약용효과… 이뇨·요도염·각기·임질에 말린 약재를 1일 3~6g을 약한 불에 달여서 복용한다. 벌레 물린 데, 마른버짐에 잎을 짓찧어서 붙인다.
- 생육지와 특색… 밭·길가·들판에 자생하는 잡초이며, 다육질인 풀로써 물기가 없어도 잘 살고 어디에서라도 잘 자라므로, 농민들을 괴롭히는 대표적인 잡초 가운데 하나이다. 잎은 살이 적으며 작은 주걱형이고, 줄기에서 2장씩 마주 난다. 잎자루는 없고 살색의 줄기에 직접 난다. 꽃은 노란색이며, 줄기 끝에 3~4송이가 모여 핀다. 꽃이 지고 난 다음 가지 끝에 생긴 작은 뚜껑 속에 채송화 씨 비슷하게 생긴 작고 검은 씨가 소복히 익는다.

- 채취방법… 6~8월에 잎과 줄기를 손으로 딴다.
- 먹는 법 … 신맛이 있고 맛이 아주 좋다. 살짝 데쳐서 기름을 많이 넣고 무쳐서 먹는다.

75) 제비꽃

- 약용효과… 설사·이뇨·인파선염·수종에 1회 5~10g을 달여 복용한다. 뱀에 물린 종기 등에 생풀을 짓찧어 붙인다.
- 생육지와 특색 … 양지바른 풀밭, 인가 부근에서 자라며, 봄에 일찍 피는 꽃 중의 하나이다. 잎은 길쭉한 삼각형이고 끝이 무디며 작은 톱니가 있다. 잎 사이에서 여러 대의 꽃대가 자라나 짙은 보랏빛 나비 모양의 꽃이 핀다. 여름철에는 꽃이 피지 않으면서 열매를 맺는 특성이 있다.
- 채취방법… 3~4월 꽃이 피는 동안 채취한다.
- 먹는 법 … 삶아서 무침을 하고, 잎과 꽃은 튀겨서 먹는다.

76) 돌미나리

- 약용효과 … 이뇨 · 황달 · 대하 증 · 류머티즘에 말린 약재를 1회에 10~20g 달여서 먹거나 생즙을 내어서 먹는다

- 생육지와 특색 … 습기가 많은 산기슭이나 개울가에 널리 자생하는 미나리는 봄나물로써 무척 사랑받는 풀이다. 땅 속에 지하줄기가 있으며, 지하줄기가 뻗어 가며 번식을 한다. 푸른색 줄기는 30~50cm에 이르며, 속이 비어 있다. 잎은 서로 어긋나게 자라며 깃털 모양으로 깊게 갈라져 있다. 꽃대가 자라서 그 끝에 우산 모양의 꽃차례를 이루고, 작고 흰 꽃이 많이 핀다. 풀 전체에서 좋은 향기가 난다.
- 채취방법 … 이른봄 칼로 뿌리 곁을 도려낸다.
- 먹는 법 … 생채로 먹고 김치를 담가 먹기도 하며, 데쳐서 먹어도 좋다.

77) 고비

- 약용효과 … 뿌리를 이뇨제로 쓴다.
- 생육지와 특색 … 평지와 언덕·계곡과 야산 등 생육지가 다양하며, 다소 습기가 많은 곳을 좋아한다. 양치식물로서 높이 0.6~1m가량 자라고, 여러해살이풀로서 뿌리줄기는 짧고 굵으며 잎은 뭉쳐난다. 어리고 연한 잎은 주먹같이 오그라들고 흰 솜털로 덮여 있다. 잎자루는 원기둥 모양이고 단단하며, 광택이 나고 노란색

을 띠며, 처음에는 붉은 갈색의 솜털로 덮인다.
- 채취방법 … 4~5월에 어린 잎을 손으로 꺾는다.
- 먹는 법 … 냄새가 심하므로 소금을 한 줌 넣고 삶아서, 오래 물로 우려낸 다음에 먹는다.

78) 모시대

- 약용효과 … 뿌리는 해독 및 거담제로 사용된다.
- 생육지와 특색 … 숲 속 약간 그늘진 곳에서 자라며, 여러해살이풀로서 높이 40~100cm 정도이고, 잎은 어긋나며 잎자루가 길

고 달걀 모양의 심
장형 또는 넓은 바
소꼴이며 길이 5〜
20cm, 나비 3〜8cm
로 끝이 뾰족하다.
꽃은 자주색으로 8
〜9월에 피고 원줄
기 끝에서 밑을 향
해 달려 엉성한 원
추꽃차례가 된다.
꽃받침은 5개로 갈
라지고 열편은 녹색
이며, 바소꼴로서 가
장자리가 밋밋하다.

• 채취방법… 5〜6월경 어린 싹과 잎을 손으로 뜯는다.
• 먹는 법… 잎은 데쳐서 무쳐 먹고, 튀김을 해도 좋다. 꽃은 튀김
을 한다

79) 뱀무

• 약용효과… 관절염·
임파선염·이뇨·요
통·자궁염에 말린
약재를 1회에 2〜5g
달여서 먹는다.
• 생육지와 특색… 야
산과 들판의 양지바
른 곳에 자생한다.
장미과의 여러해살
이풀로서 위로 곧게

자라는 줄기는 1m에 가까우며, 온몸이 각질(角質)의 비늘로 덮여 있다. 이른봄에 뿌리에서 나는 잎은 마치 무 잎과 비슷하며, 줄기에서 나는 잎은 3갈래로 갈라져 있고 가장자리에 톱니가 있다. 6월에 줄기와 가지 끝에 노란 꽃이 2~3송이 핀다.
• 채취방법… 벌레먹지 않는 깨끗한 잎을 봄에 칼로 도려낸다.
• 먹는 법… 푹 삶아서 무쳐 먹거나 국을 끓여 먹는다.

80) 바위떡풀

• 약용효과… 부종·이뇨에 말린 풀을 달여서 먹는다.
• 생육지와 특색… 산지와 고산의 암벽 사이에 자라는 여러해살이풀로서, 잎은 원형에 가깝고 가는 깊은 톱니가 있다. 키는 20~30cm 정도이고 흰색 꽃이 8~9월에 핀다. 번식력이 약하므로 많이 캘 수 없고, 다 캐면 멸종할 위험이 있다.
• 채취방법… 뿌리는 캐지 말고 잎만 뜯는다.
• 먹는 법… 각종 무침 요리와 튀김에 쓴다.

81) 두릅

- 약용효과 … 당뇨병 · 발기 부전에 1회에 말린 약재 5~10g씩 달여서 복용한다.
- 생육지와 특색 … 야산 잡목림 사이에 자라며, 봄에 먹는 두릅 나물은 이 나무의 어린순이다. 나무 전체에 날카로운 가시가 나 있고, 높이 3~4m에 달하며, 8~9월에 작은 흰 꽃이 피며 가을에는 검고 작은 열매를 맺는다.
- 채취방법 … 4~5월경 어린순을 손으로 딴다.
- 먹는 법 … 어린순을 살짝 데쳐서 초고추장에 찍어 먹는다. 약간 자란 것은 나물로 무쳐 먹는다.

82) 민들레

- 약용효과 … 해열 · 기관지염 · 늑막염 · 담낭염 · 소화불량 · 변비에 1회 5~10g을 달여서 마신다.
- 생육지와 특색 … 야산과 들판에 널리 분포한다. 이른봄 샛노란

꽃이 피는 민들레는 생명력이 강하여 뿌리를 토막으로 잘라도 다시 살아난다. 꽃이 지고 난 뒤에 흰 털의 긴 씨가 공처럼 둥글게 뭉쳐서 생기는데, 이것이 바람에 날려 사방으로 멀리 날아간다.
- 채취방법… 잎은 손으로 따고 뿌리는 삽으로 캔다. 일년 중 계속 채취할 수 있다.
- 먹는 법… 어린순을 뿌리째 캐서 물에 우려낸 다음 나물로 무쳐서 먹는다.

83) 동백

- 약용효과… 지혈·부스럼·장에 1회에 2~4g을 달여서 복용한다.
- 생육지와 특색… 남부지방과 제주도 해변에 자생한다. 상록의 잎은 두터우며 광택이 나고, 크게 자라면 6m 이상이 되는 것도 있다. 이른봄에 피는 붉은 꽃은 아름다워 중부 이북 지방에서는 관상용으로 화분에서도 많이 기르고 있다.
- 채취방법… 꽃을 손으로 딴다.

• 먹는 법 … 살짝 데쳐서 나물로 하고, 또는 튀김을 한다. 씨에서 짠 기름을 식용한다.

84) 닭의장풀

• 약용효과 … 해열·설사·이뇨에 말린 약재를 1회에 4~6g 달여서 복용하거나, 또는 생즙을 내어서 먹기도 한다. 종기에는 생풀을 짓찧어서 붙인다.
• 생육지와 특색 … 길가·밭둑·개울가·풀밭 등 아무데서나 흔하게 발견되는 일년생초이며, 줄기는 땅에 누운 듯이 자라다가 점점 일어선다. 굵은 마디마다 대나무 잎과 비슷한 잎이 어긋나게 나며, 잎자루는 없고 밑 둥치를 감싸며 몸체가 연하다. 6~9월경 녹색의 포에서 2장의 꽃잎을 가진 커다란 청색 꽃이 피는데, 꽃은 당일에 시들고 만다.
• 채취방법 … 5~7월에 어린 잎과 줄기를 뜯고, 꽃은 6~9월경에 손으로 딴다.
• 먹는 법 … 삶아서 무침으로 하거나 기름에 튀겨서 먹는다.

85) 잔대

- 약용효과 ··· 한방에서는 뿌리를 말려서 사삼(沙蔘;더덕)이라 하여 강장·해열·거담제로 사용한다.

- 생육지와 특색 ··· 구릉지대 또는 산지의 초원과 밭두렁 등에서 자라며, 줄기는 곧게 서고 높이 50~100cm 정도이고 꺾으면 흰색의 액이 나온다. 7~10월에 줄기 끝에 담자색의 꽃이 여러 개 돌려 달린다. 꽃부리는 종모양이고 길이 13~22mm이며, 꽃이

아름다워 관상용으로 심기도 한다.

- 채취방법 ··· 4~9월에 뿌리 겉을 칼로 도려낸다.

- 먹는 법 ··· 잎은 삶아서 나물로 무쳐 먹고, 뿌리도 도라지처럼 무쳐서 먹는다.

86) 번행초

- 약용효과 ··· 위궤양·위산과다·위허약에 생즙을 내서 먹는다.

- 생육지와 특색 ··· 해변 모래사장에 자생하는 풀이며, 풀 전체에

털은 없고 다육질이며, 빽빽하게
낟알 모양의 돌기가 있다. 키는 40~
80cm이며, 잎은 1~2로의 자루가 있고
어긋나며, 달걀 모양의 삼각형이고 두껍다. 여름부터 가을에 걸
쳐 잎 겨드랑이에 꽃자루가 매우 짧은 1~2개의 꽃이 핀다.
- 채취방법… 5~10월에 어린 잎과 싹을 손으로 딴다.
- 먹는 법 … 시금치와 같이 냄새가 없고 맛이 좋은 나물이다. 살짝
데쳐서 먹는다.

87) 더덕

- 약용효과… 기침 · 거담 · 인후염에 말린 약재를 1회에 4~10g 달
여서 먹는다.
- 생육지와 특색… 산의 숲 속에 자라고 덩굴을 뻗으며 자라는 식
물인데, 잎은 윤생엽으로 달걀형이다. 꽃은 종과 같이 생겼으며

흰색 바탕에 꽃잎 끝은 자주색이다. 더덕이 있는 곳 주위는 독특한 냄새가 나며 잎이나 줄기를 꺾으면 우유 같은 흰 즙이 나오고 냄새가 더욱 진해진다.

- 채취방법 … 새순과 잎은 5~6월에, 뿌리는 연중 캘 수 있다. 멸종되지 않게 모조리 캐지 말아야 한다.
- 먹는 법 … 잎과 순은 삶아서 무쳐 먹고, 뿌리는 두드려 납작하게 만든 다음 고추장을 발라 구워서 먹는다.

88) 털머위

- 약용효과 … 잎을 비벼서 그대로 또는 불에 볶아서 종기·습진 및 칼에 베인 상처에 바른다. 또 줄기와 잎을 끓인 물은 복어와 같은 어류 중독에 효과가 있다.
- 생육지와 특색 … 뿌리줄기가 굵고 뿌리에서 긴 잎자루가 있는 잎이 난다. 줄기잎은 잎자루가 짧고 길이 4~15cm, 나비 6~30cm이고, 잎 밑이 줄기를 감싸며 가장자리가 톱니 모양이거나 밋밋

하다. 꽃은 10~12월에 꽃자루가 곧게 자라 갈라진 가지 끝에
노란색 두상화가 1개씩 핀다.

• 채취방법 … 한여름을 빼고 일년 내내 채취할 수 있다.

• 먹는 법 … 삶아서 무쳐 먹는다.

89) 약모밀

• 약용효과 … 땅속줄기
  와 지상부를 민간에
  서 종창·화농·치
  질에 사용하고, 한방
  에서는 임질·요도
  염에 사용한다.

• 생육지와 특색 … 야
  산과 도로, 인가 부
  근의 습기가 많은
  곳에 자라며, 높이

20~50cm로, 풀 전체에 특유의 냄새가 있다. 잎은 어긋나고 심장꼴 또는 넓은 달걀꼴이며, 뒷면은 보라색을 띤다. 이삭 모양인 꽃은 줄기 끝에 달리고, 기부에는 흰 꽃잎 모양의 큰 꽃 턱잎이 4개 있어 전체가 1개의 꽃처럼 보인다.

• 채취방법… 어린 잎은 5~7월에 칼이나 손으로 뜯는다. 뿌리는 일년 중 삽으로 캘 수 있다.
• 먹는 법… 뿌리는 튀김을 하고, 잎은 삶아서 무침을 한다.

90) 냉이

• 약용효과 … 비장과 위허 · 당뇨병 · 이뇨 · 월경과다 · 산후출혈 · 간장질환에 1회 4~8g을 달여서 마신다. 안질에는 달인 물을 걸러서 눈을 씻는다.
• 생육지와 특색 … 생명력이 왕성하여 어디서라도 잘 자라는 것을 볼 수 있다. 줄기는 곧게 서서 가지를 많이 치고, 작고 흰 꽃이 피며 꽃이 진 다음에는 삼각형 모양의 열매를 맺는다.

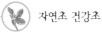

- 채취방법… 11월에서 다음해 3월까지 칼로 도려낸다.
- 먹는 법… 삶아서 국을 끓여 먹고, 튀김도 한다.

91) 나비나물

- 생육지와 특색… 여러해살이풀로 높이 50cm 정도이며 전체에 털이 없고, 줄기는 네모로 단단하게 모여 나며 곧게 서거나 또는 비스듬히 올라간다. 잎은 어긋나며 잎자루가 짧고 2개가 나오며, 작은 잎은 달걀꼴 또는 넓은 타원형이고 잎 밑과 끝은 날카롭고 톱니가 없다. 꽃은 홍자색이고 6~8월에 핀다.
- 채취방법… 4~5월에 어린 잎을 따고, 꽃은 6~9월에 손으로 딴다.
- 먹는 법… 삶아서 우려낸 후 먹고, 꽃은 튀김으로 한다.

92) 까실쑥부쟁이

- 생육지와 특색 … 산이나 들, 길가와 둑에 나며, 국화과의 여러해
  살이풀로서 높이 30~60cm에 달한다. 전체가 거칠거칠하고 땅
  속줄기를 뻗어 번식하며, 줄기는 곧게 서고 위쪽에서 가지가 갈
  라진다. 꽃은 자색으로서 8~10월에 핀다.
- 채취방법 … 3~9월에 어린 잎을 칼로 도려낸다.
- 먹는 법 … 국화과 특유의 향기가 있으며, 삶아서 우려낸 후 볶
  음·튀김·무침 등 여러 가지로 이용된다.

93) 달래

- 약용효과 … 보혈·신경안정·살균·불면증에 잎을 1회에 10~
  20g 달여서 복용한다. 벌레 물린 데에 알뿌리를 으깨서 그 즙을
  붙인다.
- 생육지와 특색 … 양지바른 들판에 나고, 마늘과 흡사한 냄새와

매운 맛을 내는 봄 나물로서 많은 사랑을 받는 달래는, 요사이 그 수요가 야생만으로는 모자라서 밭에서 재배하는 곳도 많다. 잎은 2~3장이 알뿌리에서 직접 자라고 길이 10~15cm에 달한다. 봄철에 잎 사이로 잎보다 짧은 꽃대가 나와 그 끝에 10송이 정도의 흰 꽃이 핀다. 열매는 둥글고 검은색이다.

• 채취방법… 잎은 봄에 캐고, 알뿌리는 호미로 캔다.
• 먹는 법… 파와 비슷한 맛이 나며, 생채로 먹는다.

94) 멸가치

• 생육지와 특색… 산지의 나무 그늘이나 습한 골짜기에서 자라고, 높이 50~100cm이며, 땅속줄기는 잘 발달해 있다. 줄기는 바로 서고, 밑부분에 집중하는 잎은 심장의 세모꼴 모양

이고 잎자루에는 날개가 있으며 뒷면에 흰 솜털이 빽빽이 나 있다. 희고 작은 꽃은 8~10월에 피고, 곤봉형인 종자는 옷이나 동물의 털에 잘 달라붙는다.

• 채취방법… 4~6월에 어린 잎을 칼로 도려낸다.
• 먹는 법… 쓴맛과 떫은 맛이 있으므로, 삶아서 물에 오랫동안 우려낸 후 먹는다.

95) 개쑥갓

• 약용효과… 생초를 달여서 먹으면, 생리불순에 효과가 있다.
• 생육지와 특색… 유휴지·밭·도로가에 자생하며, 높이 약 30cm 정도이고 줄기 속은 비어 있으며, 분지를 많이 한다. 잎은 길이 약 7cm 정도이며 줄기에 마주 나고, 불규칙적인 날개 모양의 깊은 골이 있다. 5~8월경에 줄기 끝에 황색 꽃이 핀다.
• 채취방법… 6~7월에 어린 잎을 뿌리 부근에서 칼로 도려낸다. 꽃이 펴도 연한 잎은 먹을 수 있다.
• 먹는 법… 향기가 있다. 삶아서 무쳐 먹는다.

96) 별꽃

- 약용효과 ··· 위장염 · 맹장염 · 산후복통 · 젖감질 · 심장병 · 치은염에 1회에 10~20g을 달여서 복용한다. 소금과 함께 기름기 없이 볶아서 치약으로 사용한다.
- 생육지와 특색 ··· 평지와 야산에 분포하며, 마디마다 2장의 잎이 마주 나는데, 잎자루는 없고 끝이 부드럽다. 가지 끝과 잎 겨드랑이에서 자라난 꽃대 위에는 약 7mm 정도의 짧고 흰 꽃이 듬성듬성 피어난다.
- 채취방법 ··· 지상부를 손으로 뜯는다. 일년 내내 뜯을 수 있다.
- 먹는 법 ··· 부드럽고 연하며 쓰거나 떫은 맛이 없으므로, 생즙을 내서 먹어도 된다. 연한 순은 국, 무침, 나물 등으로 요리하여 먹는다.

97) 박하

- 약용효과 ··· 소화불량 · 두통에 1회에 2~4g 달여서 복용한다.
- 생육지와 특색 ··· 야산과 습기가 많은 곳에서 자생하지만, 약용을

목적으로 많이 재배한다. 온몸에 잔털이 있으며 풀 전체에서 좋은 향기가 난다. 땅속줄기가 잘 발달하여 땅 속을 뻗으며 번식하므로 군락을 이루어 자라고 있다. 줄기는 높이 60cm 정도이며 깨처럼 네모가 나 있고, 잎은 길쭉한 타원형으로 마디마다 2장씩 나 있다. 7~9월에 잎 겨드랑이에서 작은 보랏빛 꽃이 뭉쳐서 핀다.

• 채취방법…5~8월에 어린 잎을 손으로 딴다.

• 먹는 법 … 향신료로 이용하며, 샐러드·젤리·셔벗 등 양식풍 요리에 쓴다.

98) 떡쑥

• 약용효과 … 기침4· 004·가래4·거담에 10g을 달여서 복용한다.

• 생육지와 특색 … 도로가나 공지·밭둑·풀밭에 자생하며, 봄에서 여름 사이에 노랗

고 작은 두상화가 핀다. 잎은
기다랗고 서로 어긋나게 자리
잡으며, 잎자루는 없다. 어디
서나 흔히 볼 수 있는 풀이다.
• 채취방법… 가을에서 다음해
봄까지 채취할 수 있다. 칼로
어린 잎을 도려낸다.
• 먹는 법… 어린순은 나물로 먹
고, 쑥처럼 떡에 넣어서 먹기
도 한다.

99) 갯완두

• 약용효과… 어린 싹은 이뇨 및 해독제로 사용된다.
• 생육지와 특색… 해변 모래사장에 자생하며, 완두콩과 비슷하게
생겼다. 줄기 길이 20~60cm이며, 땅속줄기가 길게 뻗고 원줄기
는 모서리 각이 있고 비스듬히 자란다. 잎은 길이 15~30mm,

나비 10~20mm로서 덩굴손으로 갈라지는 것도 있다. 꽃은 5~6
월에 피는데, 적자색이고 잎 겨드랑이에서 나온다. 열매는 협과
(莢果)로 자루가 없고 납작하다.

- 채취방법… 봄에 잎과 줄기를 손으로 딴다. 열매는 6~7월에 딴
다.
- 먹는 법 … 완두콩과 같이 깍지째 삶아서 먹는다.

100) 갯무

- 약용효과 … 종자는 거담·건위,
진해에 쓰인다.
- 생육지와 특색 … 해변 모래사장
에 자생하는 야생의 무이다. 높
이는 20~70cm이며 무와 똑 같
다. 4월경 약 50cm의 꽃대가
자라 담자색의 꽃이 핀다. 꽃잎
은 4장이며 무꽃과 같고, 뿌리
는 밭에서 자라는 무와 비교하
면 매우 작다.
- 채취방법… 삽으로 캔다. 어린순
은 가을에서 다음해 봄까지 손
으로 딴다.
- 먹는 법 … 잎과 뿌리는 모두 매운 맛이 있어서 풍미가 좋다. 무
와 같은 방법으로 조리해서 먹는다.

101) 갯방풍

- 약용효과 … 발한, 해열작용이 있으므로 감기에 뿌리를 달여서 먹
는다.
- 생육지와 특색 … 해변 모래사장에서 자란다. 높이 5~20cm인 여

러해살이풀로 굵은 황색 뿌리가 땅 속 깊이 들어가며, 전체에 긴 백색 털이 있다. 줄기는 낮고 짧다. 꽃은 백색으로 7～8월에 피며 복산형꽃차례이고 줄기 끝에 촘촘하게 핀다. 열매는 둥글고 길이 4mm로 긴 털로 덮여 있으며, 껍질은 코르크질이다.

- 채취방법… 3～5월에 모래를 약간 파고, 칼로 잎과 지하경을 도려낸다.
- 먹는 법… 생선회와 곁들어 먹으면 일품이다.

102) 음나무

- 약용효과… 거담제로, 나무껍질과와 뿌리껍질을 말려서 달여 마신다.
- 생육지와 특색… 야산과 평지에 자라며, 높이 25m나 되는 큰 나무이다. 엄나무라고도 한다. 줄기는 갈색, 가지는 회색을 띠며, 일반적으로 날

카로운 가시가 있다. 잎은 원형이고, 손바닥 모양으로 5~9갈래로 얕게 갈라지고, 7~8월 가지 끝에서 옅은 황록색 꽃이 핀다.
• 채취방법… 봄에 낮은 가지의 어린 싹과 잎을 손으로 딴다.
• 먹는 법… 삶아서 물에 우려낸 다음, 기름을 많이 넣고 무쳐서 먹는다.

103) 방가지똥

• 약용효과… 건위와 불면증에 말린 약재를 달여서 마신다.
• 생육지와 특색… 길가·공지·공원·인가 부근 등에 흔히 있는 풀이며, 높이 0.3~1m 정도이고, 전체적으로 흰색을 띠고 자르면 젖액이 나온다. 줄기는 연하고 속이 비었으며, 잎은 날개 모양으로 찢어져 있고 가장자리에 날카로운 톱니가 있다. 봄에서 가을에 걸쳐 혀 모양 꽃만으로 된 노란색의 지름 약 2cm인 꽃이 핀다.
• 채취방법… 일년 내내 뜯을 수 있으며, 어린순과 잎은 칼로 도려내고, 꽃은 손으로 뜯는다.
• 먹는 법… 딱딱해 보이는 잎은 의외로 연하고 맛도 좋다. 살짝 데쳐서 샐러드·무침·잡채 등에 사용한다.

104)　메꽃

- 약용효과 … 해열·이
  뇨·피로회복·당뇨
  병에 꽃이 필 무렵의
  풀을 달여서 먹는다.
  벌레 물린 데 잎을 찧
  어서 바른다.
- 생육지와 특색 … 들과
  풀밭·둑에 자생하며,

나팔꽃과 비슷한 꽃이 핀다. 여러해살이풀로서 땅 속의 백색 뿌
리줄기에서 덩굴성 줄기가 나와 다른 것에 감겨 올라간다. 꽃은
6~8월에 잎 겨드랑이에서 긴 꽃줄기가 나와 자루 끝에 엷은 홍
색의 큰 꽃이 핀다. 5개의 수술과 1개의 암술이 있으며, 보통 열
매를 맺지 않는다.

- 채취방법 … 어린순과 잎을 손으로 딴다. 꽃은 핀 것을 딴다.
- 먹는 법 … 잎은 삶아서 무침을 하고, 꽃잎은 뜨거운 물에 데쳐서
  장식으로 쓴다.

105)　머위

- 약용효과 … 발한·구
  풍·소염·기침에 1
  일 10~20g을 달여서
  3회에 복용한다.
- 생육지와 특색 … 그늘
  지고 습기가 많은 곳
  에 자라며, 이른봄 지
  하경으로부터 긴 잎
  자루가 달린 호박 잎

같은 넓은 잎이 무더기로 나며, 꽃은 황색으로 9~10월에 파고 방상화서로 지름이 5~10cm에 달한다.
- 채취방법… 잎과 꽃은 이른봄에 줄기는 5~10월에 손으로 딴다.
- 먹는 법… 잎줄기는 삶아서 무쳐 먹고, 잎은 국을 끓여 먹는다.

106) 댑싸리

- 약용효과… 강장·이뇨에 말린 약재를 1회에 2~6g 정도를 달여서 복용한다. 옴이나 기타 피부병에는 달인 물로 환부를 씻는다.
- 생육지와 특색… 양지바르고 배수가 잘 되는 곳에 자라며, 줄기는 1m 전후로 자라며 잔가지가 많이 생겨서 풀 전체가 원뿔형을 이루며 풍성하다. 7~8월경 잎 겨드랑이에 작은

담록색 꽃이 피고 종자는 지름 2mm 정도인 둥근 과실 속에 한 개씩 들어 있다. 나무는 가을에 베어 댑싸리비를 만드는 데 쓴다.
- 채취방법… 6~10월에 잎을 손으로 딴다. 꽃이 펴도 어린 잎은 먹을 수 있다.
- 먹는 법… 그냥 기름에 튀겨서 먹어도 되고, 살짝 데쳐서 무쳐 먹어도 된다.

107) 갯고들빼기

- 생육지와 특색… 남쪽 해변 돌틈에 자생하는 풀로, 목질화된 굵은

뿌리가 자라고 그 끝에
길이 8~20cm 정도인
두툼한 잎이 난다. 꽃
대는 잎이 난 곳에서
자라 30cm 정도이며
가을에 지름 1.5cm 정
도인 노란 꽃이 핀다.

- 채취방법… 일년 내내
  손으로 뜯을 수 있다.
- 먹는 법… 쓴맛이 있으
  므로, 삶아서 물에 우
  려낸 후 먹는다.

108) 초롱꽃

- 약용효과… 천식·편도선염·인후
  염 등에 뿌리와 꽃을 약재로 쓴다.
- 생육지와 특색… 높이 40~100cm
  인 풀로서, 산지의 양지바른 길가
  나 숲 가장자리 풀밭에서 자란다.
  줄기는 곧추서며 전체에 털이 있
  고 흔히 옆으로 자라는 기는 가지
  가 있다. 잎은 달걀꼴 심장형으로
  잎자루가 있고 길이 5~8cm, 나비
  1.5~4cm의 세모난 달걀꼴로 가장
  자리에 톱니가 있다. 꽃은 6~8월에 피며, 흰색 또는 연한 홍자
  색 바탕에 짙은 반점이 있고, 길이 4~5cm의 긴 꽃자루 끝에서
  아래를 향한 종 모양의 꽃이 달린다.
- 채취방법… 어린 잎은 손으로 뜯고 새싹은 칼로 도려낸다.
- 먹는 법… 삶아서 무쳐 먹는다.

109) 갯기름나물

- **생육지와 특색** ··· 해변 모래사장에 자라는 여러해살이풀이며, 높이 60~100cm이다. 줄기는 단단하며 곧게 서고 끝부분에 짧은 털이 있고, 그 밖의 부분은 평활하다. 잎은 어긋나며 잎자루가 길며, 작은 잎은 갈라지고 치아 모양의 톱니가 있으며, 끝이 뭉툭하다. 꽃은 흰색으로 5~8월에 피며 꽃잎은 5개이다.

- **채취방법** ··· 어린 싹, 어린 잎, 과실을 딴다.
- **먹는 법** ··· 싹과 잎은 삶아서 무쳐 먹고, 과실은 과실주를 담근다.

110) 줄

- **생육지와 특색** ··· 연못과 강변에 군락을 이루며 자생하는 대형의 여러해살이풀이다. 뿌리는 굵고도 짧다. 줄기는 굵고 속이 비어 있다. 잎은 길이 50~100cm, 나비 2~3cm인 칼 모양이며, 가을에 약 50cm의 꽃대가 자라 상부에 담록색의 꽃이 핀다.

- **채취방법** ··· 굵은 줄기를 뿌리 가까이에서 낫으로 벤다.

• 먹는 법 … 담백하고 감미가 있어서 맛이 좋다. 삶아서 무쳐 먹는다.

111) 개다래

• 약용효과 … 열매로 생약인 목천료(木天蓼)를 만들어, 이것으로 몸을 덥히는 데 사용되는 천료주(天蓼酒)를 만든다.
• 생육지와 특색 … 산 계곡과 숲에 자라며, 덩굴이 뻗는 나무이고 높이 약 5m 정도 자란다. 잎은 표면의 윗부분이나 전체가 흰색이 되는 수도 있으며, 뒷면은 연한 녹색이고 맥액에 연한 갈색 털이 있다. 꽃은 6~7월에 피는데 지름이 1.5cm 정도로 흰색이며, 향기가 있다. 열매는 액과(液果)로 긴 타원형 또는 둥근 달걀꼴이며 끝이 뾰족하고, 길이는 2~3cm로 9~10월에 황색으로 익는다.
• 채취방법 … 새순과 어린 잎은 봄에, 열매는 가을에 손으로 딴다.
• 먹는 법 … 과실은 과실주를 담그고, 잎과 순은 삶아서 무쳐 먹는다.

112) 참회나무

• 약용효과 … 강장·진정·신경통·요통에 쓴다.

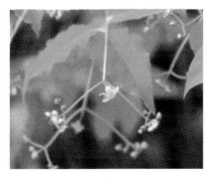

- 생육지와 특색 … 산지와 들판의 숲 속에 자라며, 낙엽관목으로, 가지에 털이 없다. 잎은 달걀 모양 또는 긴 타원형이며 마주나기 하고, 길이 3~8cm로 밑은 둥글고 끝은 날카로우며 잔 톱니가 있다. 잎자루는 길이 1~6mm이다. 꽃은 5월에 피며, 꽃받침조각·꽃잎·수술은 각각 5개이며 1개의 암술이 있다. 열매는 삭과로서 구형이며 5각으로 모가 지고 날개가 없으며 10월에 익는다.
- 채취방법 … 봄에 어린 잎을 손으로 딴다.
- 먹는 법 … 쓴맛이 있으므로 삶아서 물에 우려낸 다음 먹는다.

113) 물옥잠

- 생육지와 특색 … 못과 늪에 자생하는 한해살이풀로 높이 약 30cm 내외이며, 뿌리잎은 잎자루가 길고 줄기잎은 잎자루가 짧으며, 잎자루에는 즙(汁)이 많고 밑에 넓은 칼집이 있다. 꽃은 자주색 또는 흰색으로 7~8월에 피는데, 암술대는 가늘고 수술보다 길다. 열

매는 삭과로 거꿀달걀 모양이며 길이 1cm 정도로 성숙하면 늘어
진다.
- 채취방법… 6~9월에 어린 잎과 싹을 칼로 도려낸다.
- 먹는 법… 장을 끓이는 데 넣거나 무침 등 여러 가지로 먹는다.

114) 고마리

- 약용효과… 설사·이뇨·해열·해독에 1일 12~20g을 달여서 3
  회에 나누어 복용한다.
- 생육지와 특색… 도랑가 등 양지바르고 습기가 많은 풀밭에 여러
  포기가 무리를 이루어 자라는 풀이다. 줄기에는 가지가 많이 나
  오며, 높이 약 70cm로 자란다. 또 줄기는 모가 져 있으며, 갈고리
  같은 많은 가시가 나 있다. 잎은 마디마다 서로 어긋나게 나 있고
  생김새는 방패 모양이다. 분홍색 꽃은 8~9월에 가지 끝에 핀다.
- 채취방법… 4~10월에 어린 잎을 손으로 딴다.
- 먹는 법… 어린 잎을 삶아서 무쳐도 좋고, 그대로 튀겨도 좋다.

115) 고추나무

- 약용효과… 설사, 소염에 1일 5~10g을 달여서 3회에 나누어 마신다. 타박상에 약재를 달인 물로 씻고 찜질한다.
- 생육지와 특색… 고추나무과의 낙엽 활엽수로서, 가지는 회갈색이며 잎은 가지에 대생하며 3장의 작은 잎으로 된 복엽으로 2~3cm의 잎자루가 있다. 새 가지 끝에 원추 화서가 나오며 흰 꽃이 5~6월에 핀다. 열매는 반원형인 공기주머니처럼 부푼 자루 속에 들어 있으며, 9~10월에 갈색으로 익는다.
- 채취방법…4~6월경 어린 잎을 손으로 뜯는다.
- 먹는 법… 떫은 맛이 없고 순하며, 맛이 좋다. 삶아서 무쳐 먹는다.

116) 단풍딸기

- 생육지와 특색 … 평지와 야산, 길가와 숲 속에 자라며, 높이 2m 정도의 낙엽관목이며 털은 없으나 가시가 많다. 잎은 어긋나며

달걀 모양이고, 꽃은 4~5월에 피고 백색이며 잎 겨드랑이에서 자란 가지 끝에 1개씩 밑을 향해 달린다. 열매는 둥글며 황색으로 익는다.

• 채취방법…6월경 과실을 손으로 딴다.
• 먹는 법… 생과로 먹거나 과즙을 짜서 먹는다. 설탕에 절여서 먹기도 하고 잼, 또는 과실주로도 만든다.

117) 고들빼기

• 생육지와 특색 … 야산·들판·길가 등 양지바른 곳에서 자라며, 국화과의 두해살이풀로서 높이는 약 60cm이다. 줄기는 곧게 서며 가지가 많이 갈라지고 적자색을 띤다. 가지를 꺾으면 희고 끈적끈적한 액이 나온다. 꽃은 황색이고 5~9월에 핀다.

- 채취방법… 어린 잎과 꽃을 딴다.
- 먹는 법… 쓴맛이 있으므로 물에 우려낸 후 무쳐 먹는다.

118) **여뀌**

- 약용효과… 지혈·부스럼·타박상·벌레 물린 데 생풀을 짓찧어 서 붙인다.
- 생육지와 특색… 물가나 습기가 많은 곳에 자라는 일년생초로서 높이 약 60cm에 이르는 흔한 잡초이다. 잎은 피침꼴이고 줄기 마다 마디에서 어긋나게 잎이 난다. 그리고 잎은 매우 매운 맛 이 있어서 소도 잘 먹지 않는다. 가지 끝에 이삭 모양의 꽃이 6 ~9월에 피는데, 색은 흰색이 많으나 간혹 붉은색도 있다.
- 채취방법… 어린 잎은 이른봄에서 가을까지 손으로 딴다.
- 먹는 법… 전체에 매운 맛이 있으므로, 생선회와 곁들여 먹는다. 삶으면 매운 맛은 없어진다.

119) 나도생강

- 생육지와 특색 … 울창한 숲 속, 나무
가 많은 야산 등 습기가 많고 그늘
이 짙은 곳에 자생하는 여러해살이
풀로, 높이 70cm 내외이다. 전체가
거칠거칠하고 줄기는 가늘고 길며
가로로 뻗고 백색이며, 마디에서 수
염뿌리가 나오고 곧게 서며 연질이
다. 잎은 어긋나며 넓고 긴 타원형
바소꼴이며, 잎 밑이 줄기를 싸고 끝이 날카로우며 길이는 30cm
내외이다. 꽃은 백색으로 7~8월에 핀다.
- 채취방법 … 6월경 피기 전의 어린 잎을 딴다.
- 먹는 법 … 생강 향기가 비교적 적어서, 장을 끓이는 데 넣는다.

120) 자리공

- 약용효과 … 뿌리는 상륙
(商陸)이라고 하는데,
독성이 있지만 강한 이
뇨작용이 있기 때문에
한방에서는 이뇨제로
쓰인다.
- 생육지와 특색 … 전체적
으로 털이 없고, 줄기
는 원기둥꼴로 두
껍고 높이 1.5m
정도이다. 잎은
어긋나며 타원형
또는 달걀꼴 타원

형이고, 길이 10~20cm인데 중앙이 가장 넓고 끝이 좁다. 여름
에서 가을까지 가지에서 약 15cm의 꽃줄기가 나와 흰 꽃이 촘
촘하게 핀다. 꽃에는 짧은 자루가 있으며 꽃덮이 조각은 5개인
데 달걀꼴로서 끝은 둥글다. 종자는 검은색이며 1개이다.
- 채취방법…6~9월에 어린 잎과 줄기를 손으로 뜯는다.
- 먹는 법… 떫은 맛이 강하므로 삶아서 오랫동안 물에 우려낸 후
먹는다.

121) 꿩고비

- 생육지와 특색 … 여러해살이풀로써 굵은 뿌리줄기 끝에 잎이 모
여 난다. 잎은 곧게 서지만 끝에서 약간 뒤로 젖혀진 듯하다. 영
양잎과 생식잎의 2가지가 있고 어릴 때는 적갈색 솜털로 덮이지
만 나중에는 털이 없어지며, 특히 포자낭이 달린 깃꼴의 잎에
흑색 털이 섞여 난다. 곁가지는 2개의 줄기로 갈라지고, 포자에
흩어진 포자낭은 적갈색이며 포막과 환대가 없다.

- 채취방법···5~6월에, 고사리와 같은 어린 잎을 손으로 딴다.
- 먹는 법··· 맛은 있지만 조리하는 데 힘이 많이 든다. 선모를 따고, 중조(重曹)를 나물 1kg당 작은 찻술로 1개 비율로 넣어서 삶아 하룻밤 두었다가 먹는다.

122) 참마

- 약용효과 ··· 뿌리는 갑상선종·심장염 및 해독용 약재로, 강장제 및 지사제로도 쓰인다.
- 생육지와 특색 ··· 산의 숲 속에서 자라며, 덩굴성 여러해살이풀로써, 당마·산약이라고도 한다. 원기둥 모양의 육질 뿌리가 있으며, 줄기는 뿌리에서 나와 길이 2m 정도로 뻗고 다른 물체를 감아 올라간다. 잎은 잎자루가 길고 긴 타원형 또는 좁은 삼각형으로 끝이 뾰족하고, 꽃은 자웅이주이며 6

~7월에 노란색을 띤 흰색으로 잎 겨드랑이에서 1~3개의 수상꽃차례로 달린다. 열매는 삭과로 3개의 날개가 있다.
- 채취방법···10월경 뿌리는 삽으로 캔다.
- 먹는 법··· 건조한 뿌리는 술을 담근다.

123)   눈개승마

- 생육지와 특색 ··· 높이 1m 정도인 여러해살이풀로써 잎은 잎자루가 길고 2~3회 깃모양으로 겹쳐 난다. 달걀 모양의 작은 잎은 막질이고, 잎 밑이 뭉툭하고 끝은 날카로우며 톱니가 있다. 꽃은 암수 딴꽃이며 원뿔형

총상꽃차례로 달리고, 5~6월에 황백색으로 핀다.
- 채취방법 ··· 4~6월에 햇순을 손으로 딴다.
- 먹는 법 ··· 독특한 맛이 있어서 먹기 좋다. 삶아서 무쳐 먹는다.

124)   머루

- 생육지와 특색 ··· 산지에 나며 덩굴손으로 다른 나무에 휘감겨 길게 뻗는다. 잎은 어긋나고 오각형의 둥근 심장 모양으로 크고, 길이 30cm에 달하는 경우도 있는데, 보통은 얕게 3갈래로 갈라지며, 뒷면에는 빽빽이 적갈색 솜털이 있다. 꽃은 소형으로 황

록색이며, 총상꽃차례에 붙어 6월경에 피고, 개화할 때 꽃잎은 떨어진다. 열매는 공 모양으로 지름 약 8mm, 가을에 익어 흑자색이 되며 신맛이 나지만 먹을 수 있다.

• 채취방법… 9~10월경 과실을 손으로 딴다.
• 먹는 법… 생식하거나 과즙을 짜서 먹고, 또는 과실주를 담그기도 한다.

125) 산다래

• 생육지와 특색… 양지 바른 길가나 제방의 풀밭에 자라며, 땅 속에 지름 1~2cm의 공 모양의 비늘줄기가 있고, 늦가을부터 뿌리에 줄 모양의 잎이 나와 월동한다. 꽃줄기는 높이 50~80cm이고 아랫부분 줄기에 2~4개의 잎이 있다. 꽃은 엷은 홍자색으로 십여 개가 핀다. 꽃자루의 길이는 1.5~2cm이다. 열매는 익으면 벌어지고 각 과실에 2개의 검은색 종자가 있다.

• 채취방법… 잎은 봄과 여름에 뜯고, 인편은 가을에 삽으로 캔다.
• 먹는 법 … 삶아서 잡채, 무침 등으로 먹는다.

126) 버드쟁이나물

- 약용효과 … 건위, 정장에 꽃을 술에 담가 먹는다.
- 생육지와 특색 … 평지와 야산, 길가 풀밭 등 양지바른 곳에 자생하는 여러해살이풀이며, 지하경은 길게 옆으로 뻗어가고 그 끝에 새순이 돋아난다. 줄기에 달린 잎은 깊게 골이 패이고 짧은 털이 있으며, 키는 40~140cm 정도나 되고 7~8월에 분지한 끝에서 흰 꽃이 핀다.
- 채취방법…3~5월에 어린 잎을 손으로 따고, 꽃은 가을에 딴다.
- 먹는 법 … 국화과 특유의 향기와 풍미가 있다. 삶아서 각종 무침으로 먹는다.

127) 풀솜대

- 생육지와 특색 … 산지에 자라는 여러해살이풀로써, 원줄기는 비스듬히 자라 높이 20~50cm에 달하고 위로 올라갈수록 털이 많다. 잎은 5~7개가 2줄로 배열되어 어긋나며 길이 6~15cm, 나비 2~5cm의 긴 타원 모양 또는 달걀꼴이고 양면에 털이 있는데, 특히 뒷면에 많다. 꽃은 5~7월에 흰색으로 피며, 열매는 장과이고 지름 5~7mm의 구형

이며 가을에 붉은
색으로 익는다.
• 채취방법… 4~6월
에 새순을 손으로
뜯는다.
• 먹는 법 … 잡맛이
없고 독특한 풍미
가 있어서 맛이
좋다. 삶아서 무
침을 한다.

128) 범의귀

• 약용효과 … 민간약으로서 즙을 내거나 잎을 불에 말린 것을 유아
의 경증 화상 · 피부병 등에 이용한다.

- **생육지와 특색** … 습기가 많은 바위 밑과 숲에 나며, 봄에 가늘게 나오는 가지가 여러 개로 벌어지고 마디 끝에 작은 싹을 달아 번식한다. 잎은 둥근 콩팥 모양의 다육질로 부드러우며, 길고 짧은 흰털이 나 있다. 뒤쪽은 적색을 띠며, 앞쪽은 눈송이 같은 얼룩이 있는 것도 있다. 초여름에 잎 사이에 꽃대가 나와 '大' 자 모양의 흰 꽃이 핀다.
- **채취방법** … 잎을 손으로 딴다. 일년 내내 딸 수 있다.
- **먹는 법** … 잎에 거친 털이 나 있으나 삶으면 다 없어진다. 튀김이나 무침으로 먹는다.

129) 민박쥐나물

- **생육지와 특색** … 습기가 많은 산에 나며, 잎은 삼각형의 방패와 같고 넓으며 가에 톱니가 있다. 줄기는 곧고 높이 1 ~2m 정도이며, 상부에서 갈라지고 그 끝에 7 ~10월경 흰 꽃이 핀다.
- **채취방법** … 5~6월에 어린 순과 잎을 손으로 딴다.
- **먹는 법** … 약간 쓴맛이 있으나 향기가 좋다. 삶아서 물에 우려낸 후 먹는다.

130) 쑥

- **약용효과** … 월경불순 · 월경과다 · 감기 · 복통 · 소화불량 · 식욕부진 · 기관지염 · 만성간염 · 요통에 1회에 2~5g 달여서 마신다.

- 생육지와 특색 ··· 양지바른 들판에 나며, 마디마다 서로 어긋나게 자라는 잎은 흰털이 밀생하고 있으며, 국화잎처럼 생긴 잎은 중간 정도까지 깊게 갈라져 있고 독특한 향기가 난다. 늦여름 길게 자란 줄기 끝에 연보랏빛 꽃이 이삭 모양으로 피며, 예로부터 약이나 나물로 많이 이용한 식물이다.
- 채취방법 ··· 어린 잎을 뿌리 곁에서 칼로 도려낸다.
- 먹는 법 ··· 어린 잎은 국을 끓여 먹기도 하고, 떡을 해 먹기도 한다.

131) 자운영

- 약용효과 ··· 이뇨·해독·기침에 달여서 먹으면 효과가 있다.
- 생육지와 특색 ··· 길가·밭둑·들판에 자라며, 콩과에 속하는 두해살이풀로 물을 뺀 논에 녹비용으로 재배도 하나 야생으로도 자란다. 줄기는 땅바닥에 뻗으며 가지가 갈라져 봄에는 높이 10

~30cm로 자라서 홍자색의 꽃이 핀다. 잎은 깃꼴겹잎으로 어긋나기하는데, 9~11장의 작은 잎으로 되어 있고, 타원형이며 길이는 0.8~1.5cm이다. 꽃은 길이 10~20cm의 꽃자루 끝에 여러 개가 모여서 달리며, 홍자색이고 길이는 1.2cm가량으로 나비 모양이다.

- 채취방법… 3〜5월에 줄기와 잎을 손으로 딴다.
- 먹는 법 … 삶아서 샐러드·무침 등으로 먹고, 꽃은 화주(花酒)를 담근다.

132) 고추냉이

- 약용효과… 류머티즘과 신경통에 근경을 갈아서 환부에 붙이면 좋다. 단, 자극이 심하므로 피부가 약한 사람은 거즈를 대고 바른다.
- 생육지와 특색… 산지의 계곡과 청정한 물이 흐르는 음지에서 자라는 여러해살이풀이며, 우리 나라에서는 울릉도에 자생한다. 높이 30cm가량이고 뿌리줄기는 굵으며 여러 겹으로 모여 난다. 뿌리잎은 여러 겹으로 모여 나며 긴 잎자루가 있고 원형이며, 밑은 심장형이고 고르지 못한 톱니가 있다. 흰색의 꽃은 짧은 줄기 끝에 5〜6월에 핀다.
- 채취방법… 잎과 줄기는 3〜5월에 따고, 뿌리는 삽으로 캔다.
- 먹는 법 … 잎과 줄기는 살짝 데쳐서 무쳐 먹고, 뿌리는 갈아서 생선회의 조미료로 사용한다. 근경을 간 것이 겨자이다.

133) 고사리

- 약용효과 … 설사·해열·황달·대하증에 건초를 1일 10〜25g 달여서 3회에 복용한다.

- 생육지와 특색 … 햇빛이 잘
  드는 산이나 들에 자생하며,
  겨울에는 지상부가 말라 죽
  고 봄에 새잎이 돋아난다.
  줄기는 연필 정도로 굵으며,
  잎은 깃털 모양을 하고 있다.
- 채취방법… 4~6월에 어린
  잎을 손으로 뜯는다.
- 먹는 법 … 삶아서 물에 우려
  낸 다음 무쳐서 먹는다.

16. 유독 식물과 독초(毒草)

산과 들에는 산채와 식용 과실, 가공용 식물과 약용식물 등 여러 가지 귀중한 생활의 자료가 많이 있어서, 예로부터 이런 식물들을 다양하게 이용하며 살아왔다. 그러한 식물 가운데는 자연이 만든 여러 가지 화학성분과 약성분을 지닌 식물이 많이 있어서, 우리의 건강을 지켜 주고 복리를 증진시키는 데 큰 도움을 주는 것이 많다.

그러나 그런 식물 중에는 사람의 건강을 해치고, 심지어는 생명을 앗아가는 독한 성분을 지닌 식물도 있다. 예를 들면, 옻나무에 피부가 닿으면 옻이 올라서 심한 고통을 받게 된다.

또는 우리들이 즐겨 먹는 고사리에는 발암물질이 포함되어 있다고 한다. 그러나 고사리에 들어 있는 발암물질은 요리를 할 때 삶으면 거의 없어지고, 우리가 먹는 양으로는 아무런 문제가 되지 않는다고 하니 안심하고 먹을 수 있다. 그러나 '유도화'는 조금만 먹어도 중독을 일으키고 생명이 위험해진다고 한다. 이러한 식물을 우리들은 유독식물, 또는 독초라 하는데, 이런 유독식물을 잘 알아야만 안심하고 산채를 즐길 수 있는 것이다. 건강을 위해 먹는 산초를 잘못 알고 독초를 먹게 된다면 본래의 뜻과 너무나 빗나가게 되는 것이다.

그러므로 우리들 주변에 많이 있는 독초를 알아보고, 독초의 해를
입지 않도록 해야겠다.
　　여기 그 대표적인 것 몇 가지를 소개한다.

1)　독미나리

- 독성과 특색 … 산형화목 산
  형과의 쌍떡잎식물로, 높
  이 1m 정도까지 자라는
  여러해살이풀로써 땅속줄
  기는 굵고 마디가 있으며,
  녹색의 죽순 모양이고 마
  디 사이가 비어 있다. 연
  명죽(延命竹) 또는 만년죽(萬年竹)이라고도 한다. 자라면 키가
  커서 미나리와 혼돈할 염려가 없지만 어릴 때는 구별하기 어려
  우므로 주의해야 한다. 잘못 먹으면 생명이 위태로우며, 삶거나
  말려도 독성이 사라지지 않으므로 주의를 해야 한다.

2)　올괴불나무

- 독성과 특색 … 전국의 표고
  100～1,800m 정도인 산에 자
  생하는 활엽수로, 높이가 약
  1m에 달한다. 여름에 붉은
  열매 두 개가 붙어서 익은 것
  이 보이는데, 무척 맛이 좋아
  보이지만 입에 넣으면 격한
  자극이 있어 곧 토해 버리게
  된다. 그래서 많이 먹고 중독

되는 일은 잘 없지만, 그래도 독성식물이니 주의를 해야 한다.

3) 옻나무

● 독성과 특색 … 중국 원산인 낙엽
활엽수인데, 지금은 전국에 걸쳐
야생 상태로 되어 버렸으며, 크
게 자란 것은 높이가 15m에 이
르는 것도 있다. 잔가지는 굵고
잿빛을 띤 노란빛이며, 처음에는
잔털이 있으나 곧 없어진다. 잎
은 서로 어긋나게 자라며 길이
25~40cm로서 9~13매의 잎조각으로 이루어진 깃털꼴이다. 잎
겨드랑이에서 자라난 15~20cm 길이의 꽃대에 많은 꽃이 뭉쳐
아래로 처진다. 잎과 가지 등이 피부에 닿으면 옻이 올라 심한
가려움증과 고통을 당하게 되므로 가까이 가지 말아야 한다.

4) 쐐기풀

● 독성과 특색 … 쐐기풀과의 여러
해살이풀로써 원줄기 높이는 40
~80cm이며, 산골짜기·숲 가
장자리 등의 축축한 곳에서 생
육한다. 잎·줄기에 유독성인
포름산(蟻酸)을 품은 자모(刺
毛)가 나 있으며, 이것에 피부
가 접촉하면 자모에 쏘이게 되
어 매우 따가워서 쐐기풀이라
이름하게 된 것이다.